蔡春艳，武汉大学工程硕士，国家级教学团队骨干教师，全国高职高专教育建筑设计类《室内设计专业教学基本要求》主要起草人之一，国家级精品资源共享课程《居住空间设计》主讲教师，中国建筑学会室内设计分会会员。主要讲授《居室空间设计》、《室内电脑效果图》、《建筑装饰制图》、《CAD计算机辅助设计》等课程。

孙瑜琦，广西艺术学院环境艺术专业毕业，广西华南建设集团有限公司南宁分公司设计总监，南宁职业技术学院国家级教学团队成员，重点专业兼职教师，本课程主讲教师，主要讲授《室内电脑效果图》、《CAD计算机辅助设计》、《专题空间空间设计》等课程。

高职高专室内设计专业"十二五"规划教材

室内电脑
效果图

INTERIOR DESIGN
RENDERINGS

主　编 蔡春艳 孙瑜琦

副主编 韦映波 黄祖金 覃勇鸿

湖南大学出版社

HUNAN UNIVERSITY
PRESS

内 容 简 介

本书是一本针对3ds Max 2011操作及应用编写的室内设计专业应用教材。本教材以案例教学为主，强调通过软件技术来表现设计。全书根据效果图制作过程共分为五个模块，包括室内空间建模、室内材质表现、室内灯光渲染、室内空间项目综合实训。为方便教师和学生使用，随书光盘里为大家提供了书中全部案例的场景文件、材质贴图等资源。本书可作为建筑设计、室内设计专业学生的教学，也可供效果图制作人员参考。

图书在版编目（CIP）数据

室内电脑效果图 /蔡春艳，孙瑜琦主编. ——长沙：湖南大学出版社，2013.9
（高职高专室内设计专业"十二五"规划教材）
ISBN 978-7-5667-0484-9

Ⅰ.① 室… Ⅱ.① 蔡… ②孙… Ⅲ.① 室内装饰设计 — 计算机辅助设计 — 高等职业教育 — 教材
Ⅳ.① TU238-39

中国版本图书馆CIP数据核字（2013）第231904号

室内电脑效果图
shinei diannao xiaoguotu

主　　编：蔡春艳　孙瑜琦

责任编辑：李　由　程　诚　　　　　　　　责任校对：全　健

责任印制：陈　燕

出版发行：湖南大学出版社

社　　址：湖南·长沙·岳麓山　　　　邮　　编：410082

电　　话：0731-88822559(发行部)，88649149(编辑部)，88821006(出版部)

传　　真：0731-88649312(发行部)，88822264(总编室)

电子邮箱：30231307@qq.com

网　　址：http://www.hnupress.com

印　　装：湖南画中画印刷有限公司

开　　本：787×1092　16K　　　　　印张：9.75　　　　　　字数：217千

版　　次：2014年3月第1版　　　　　印次：2014年3月第1次印刷

书　　号：ISBN 978-7-5667-0484-9/J·285

定　　价：45.00元

高职高专室内设计专业"十二五"规划教材

编 委 会

随着生活水平的逐步提高，人们对居住环境的质量和形式要求也越来越多元化，如何培养适应多元化要求的室内设计专业人才，成为高等职业院校室内设计专业发展的首要目标。本系列教材是以首批国家示范性高等职业院校——南宁职业技术学院重点建设的室内设计技术专业建设成果为基础的，联合广西等地实力雄厚的国家示范性高职院校、国家骨干高职院校，组织室内设计专业带头人、骨干教师、企业资深设计师共同编写，为具有校企合作、工学结合等高职特色的室内设计专业课程系列教材。

本系列教材编写根据国内外室内设计专业教育的发展趋势，在教育理念、培养目标、培养模式、课程体系、教学方法、教学手段等方面进行了改革和创新。专业顶层设计的基础是课程改革和创新，课程是培养优秀专业人才的主要载体，而配套的课程教材则是课程教学的核心，是实现"教与学"以及学生自主学习的重要工具。

本系列教材具有以下两个特点：

一、体现"三新"理念

理念新：教材编写上体现了工学结合、校企合作特色，在教学内容中融入国家标准和职业规范，兼顾基础知识及实践技能的运用。

体例新：教材编写以岗位能力实训为本位，以项目实践为主线，注重培养学生的设计思维与创新理念。在总结国家示范性、国家骨干高职院校专业建设、课程改革的基础上，确定编写体例、内容定位并遴选作者。教材注重解决两类使用者的需求——教师"怎样教"和学生"如何学"的问题。

内容新：教材注重知识点与工程项目案例实践过程相结合，既有高职教育的理论深度，又有相关职业的特点。教材在案例导学上遵循学生认知规律，实践项目从小到大、从简到繁，做到国内与国外、现代与传统、大师作品与学生作业、企业典型工程项目案例与个人优秀作品比较与相互借鉴。

二、注重"四结合"

教材内容与岗位特性相结合。各课程教材的知识点以职业岗位特性为基础，将岗位职业能力需求融入各知识点中，通过项目案例、作业实训等多种途径来锤炼学生的职业岗位能力。

教材内容与工程项目相结合。本系列教材以企业实际工程项目为案例，深入浅出地将知识点分解、提炼和输出，便于学生理解和吸收。

教材内容与民族地域相结合。本系列教材将民族地域特色和设计元素相融合为知识点，充分体现了民族与现代元素的完美结合。

教材内容与大师作品相结合。本系列教材引入国内外设计大师作品，分析其独特之处，并对应不同的知识点，强化学生的设计能力和创新能力。

总之，本系列教材既具有理论深度，又具有较强的实践性，能够使学生在实际操作中举一反三、触类旁通，增强学生学习的积极性和主动性，为其就业和职业生涯发展奠定专业基础。

经过几年的艰苦努力，室内设计专业系列教材终于与广大读者见面了。在此，要特别感谢湖南大学出版社为本系列教材的出版所作的贡献。由于编者水平有限，书中难免有疏漏之处，希望老师、同学、设计师和企业界读者指正。

黄嵩波

国家级教学名师 二级教授
2013年6月于南宁职业技术学院

目 录

chapter 1

3ds Max 室内效果图制作基础

1.1　3ds Max2011的工作环境和操作界面系统介绍

1.2　室内效果图表现相关知识

1.3　室内电脑效果图制作流程

Design

1.1

3ds Max2011的工作环境和操作界面系统介绍

3ds Max2011是美国Autodesk公司旗下优秀的电脑三维动画、模型和渲染软件。Autodesk坚持不懈地更新更高级的版本，逐步完善了灯光、材质渲染、模型和动画制作，广泛应用于三维动画、影视制作、建筑设计等各种静态、动态场景的模拟制作。

1.1.1 3ds Max2011屏幕菜单

双击桌面上的 按钮，启动3ds Max2011英文版，界面如图1-1所示。

（1）菜单栏

3ds Max2011的菜单栏位于标题栏的下方，包括Edit（编辑）、Tools（工具）、Group（组）、Views（视图）、Create（创建）、Modifers（修改器）、Animation（动画）、Graph Editors（图片编辑器）、Rendering（渲染）、Customize（自定义）等12项菜单。

（2）工具栏

工具栏位于菜单栏下方，包括选择物体按钮、撤销操作按钮、选择并移动按钮、镜像按

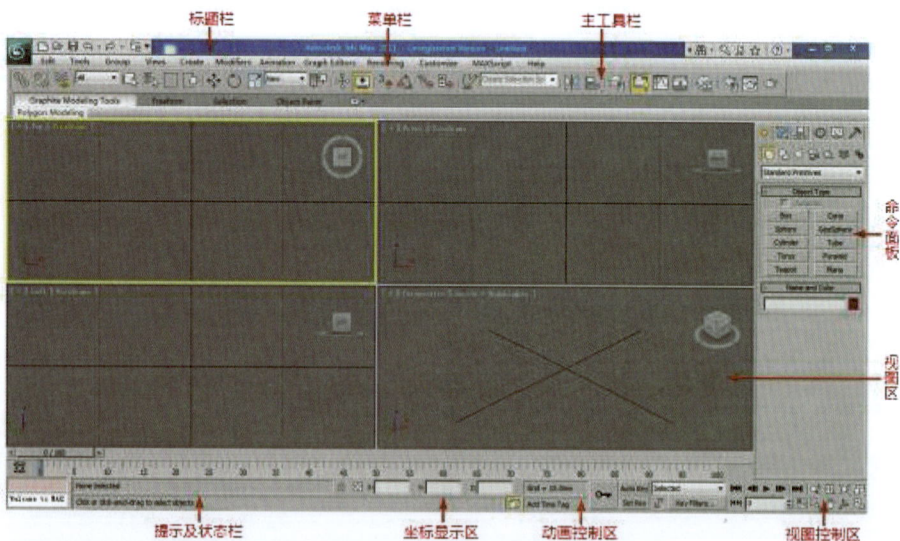

图1-1

钮、阵列按钮以及材质编辑器按钮等一些常用的工具和操作按钮。

（3）命令面板

命令面板位于界面的最右侧。它的结构比较复杂，内容丰富，包括了基本的建模工具、物体编辑工具以及动画制作工具等，是3ds Max的核心工具之一。

（4）视图控制区

视图控制区域位于整个界面的右下方。该区域主要用于改变视图中场景的观察方式。用户可以通过视图控制区对视图显示的大小、位置进行调整。

（5）视图区

视图是操作的平台，通过系统提供的视图，可以快速了解一个模型各个部分的结构以及执行修改命令后的效果。在默认状态下，工作视图由Top（顶）、Front（前）、Left（左）和Perspective（透视）组成。

（6）动画控制区域

动画控制区域主要用来制作、播放动画并用于设置动画的播放时间。

（7）提示及状态栏

界面底部的状态区域显示与场景活动相关的信息和消息。这个区域也包括可以显示创建脚本时的宏记录功能。

1.1.2　3ds Max2011 工具栏和视图控制区的运用

（1）对象选择工具

Select Object（直接选择）：Select Object（直接选择）是指以鼠标单击的方式来选择物体，这是一种最为简单的选择方式，只需要观察视图中鼠标指针的位置以及鼠标的形状变化就可以判断出物体是否被选中。

Rectangular Selection Region（区域选择）：使用鼠标拖出一个区域，被该区域所覆盖的物体将被选择。在3ds Max中的区域选择包括：Rectangular Selection Region（矩形选区）、Fence Selection Region（圆形选区）、Lasso Selection Region（围栏）、Paint Selection Region（套索和绘制）。

（2）对象移动工具

用 Select and Move（选择和移动工具）移动物体时，被选中对象上会出现坐标轴，正交视图坐标轴为2个方向（x和y），其他视图为3个方向（x、y、z）。一般在正交视图中移动物体更为精确，F5、F6、F7分别约束x、y、z三个轴向移动，F8确定正交视图的双轴约束，快捷键X锁定移动轴向。

物体的精确移动：右击工具栏上的移动工具，打开对话框，可以在偏移框中设定各轴向的移动距离。图1-2左边表示物体所处的位置，右边输入数值表示移动的位置。

图1-2

（3）对象旋转工具

旋转对象时，需要确定旋转轴线。对于初学者来讲，旋转应该在正交视图中完成，旋转轴线为Z轴（即最外围的圆）。旋转时默认的单位度数为5度，可以在旋转捕捉中修改这项数据。右击旋转工具，打开对话框（图1-3），可以在偏移框中设定各轴向的旋转度数。

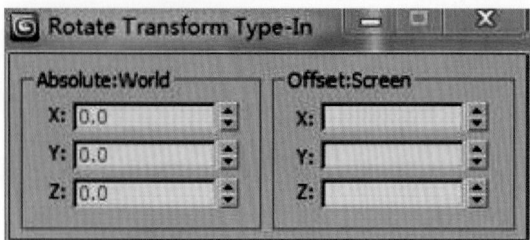

图1-3

（4）对象缩放工具

点击缩放工具，选择第一个选项，可以从各个轴向等比例缩放物体。

精确缩放：右击缩放工具，可以在"偏移"中设定物体整体缩放比例（图1-4）。

缩放捕捉：按下缩放捕捉后，各轴向缩放均以10%为单位比例。

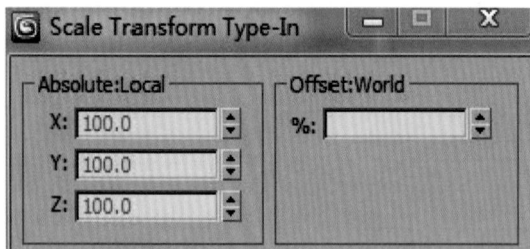

图1-4

（5）对象的复制

3ds Max复制物体的方法有两种，一种是原位复制（Ctrl+V），另一种方法是按住Shift键移动、缩放、旋转物体完成对物体的复制，而且可以设定再制数目（图1-5）。

3ds Max中提供了三种复制类型：copy（复

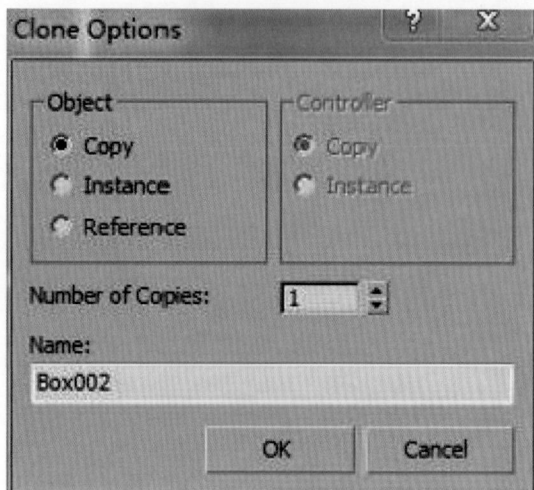

图1-5

制），instance（关联复制），reference（参考复制）。复制命令为常见的复制方式，比如将a物体复制，出现复制品b物体，那么b物体与a物体完全相同，而且两者之间在复制结束后再没有任何联系。

关联复制命令可以使原物体和复制物体之间存在联系。比如用a物体关联复制出b物体，两个之间就会互相影响，这些影响主要发生在子物体级别。若对a物体进行修改，那么b物体也会相应地被修改。鉴于此，关联复制经常用在制作左右对称的模型上，例如制作生物体。

参考复制命令与关联复制类似，不过参考复制的影响是单向的。比如用a物体参考复制出b物体，这时对a物体的子层级进行修改时会影响到b物体，但修改b物体却不会影响到a物体，也就是说只能a影响b。这种复制类型有自己的特点，我们可以对b物体加一个修改命令，这时再要调整b的子层级，就要回到b物体级别，显然很麻烦，其实我们只要修改a物体的子层级就可以了，b物体会相应地变化。

1.1.3 视图的基本操作

（1）视图切换

在室内效果图制作过程中经常需要切换不同的视图进行操作。视图切换的方法有两种，菜单和键盘快捷键。右键单击希望更改的视图标签，然后单击所要选择的视图，再单击所需的视图类型。

快捷键：T（顶视图）、B（底视图）、F（前视图）、L（左视图）、C（摄影机视图）、P（透视视图）、U（用户视图）。

（2）显示方式

显示方式：平滑+高光、线框、边面、其他。

（3）视图控制

①视图大小的控制：

Zoom（缩放）：可以拉近或缩放视景。

Region Zoom（区域缩放）：在视图中只显示鼠标拖动产生的选择区域中的物体。

Zoom All（全部缩放）：同时将所有视图

近拉或远推，不会影响到当前所有可视的视图。

Zoom Extents All：所有物体在当前视图中最大化显示。

Zoom Extents Selected：被选择的物体在当前视图以最大化方式显示。

Zoom Extents All：所有物体在视图中最大化显示。

Zoom Extents Selected：被选择的物体在视图中以最大化方式显示。

Maximize Viewport Toggle：视图最大化、最小化切换。

②视图位置角度的控制：

Arc Rotate 弧形旋转：旋转视图。

Arc Rotate Selected 弧形旋转对象：以选择物体为轴旋转视图。

Pan 摇移：移动视图中的显示，但并不拉近或远推视图。

1.1.4 课程实训——茶几模型的制作

根据茶几尺寸（图1-6），进行茶几效果图的模型制作。

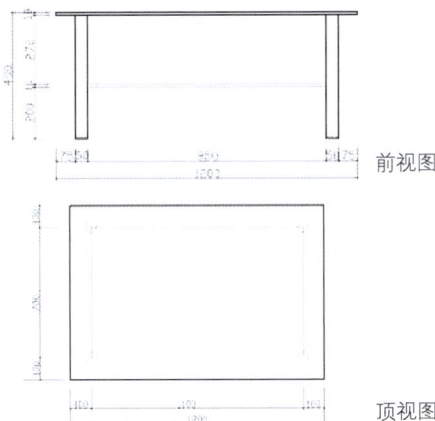

前视图

左视图

顶视图

效果图

图1-6

1.2

室内效果图表现相关知识

室内电脑效果图不是一门纯粹的软件技术课，而是凭借3ds Max的强大功能，在基础课与专业课之间架起一座沟通的桥梁。素描、色彩、形态构成等基础课为室内电脑效果图课程打下美术设计基础；室内透视图画法、手绘效果图表现技法为室内电脑效果图做了良好的铺垫。各专业的专业课，例如居室空间设计、专题空间设计等专业核心课程需要制作电脑效果图的熟练技能和表现技法来表达设计理想，同时这些专业课又为电脑效果图课程提供现代艺术设计的思想和理念。

在效果图制作过程中，空间的比例与尺度、装饰材料应用、照明设计等专业知识无不贯穿始终。比如人体工程学基本知识、室内装饰构造基本知识等都是学习空间建模的基础，空间建模的好坏取决于对室内装饰构造的理解和对人体工程学的把握；室内装饰材料相关知识也是学习材质的基础知识，在制作室内电脑效果图时要充分考虑装饰材料的质感、线型及颜色，调整材质时要根据不同的设计风格和要求选择不同质感和颜色的材料；照明设计在室内效果图设计中尤为重要，根据不同的空间，选择不同的灯具和照明方式，直接照明用于整体照明，间接照明中柔和的光线能烘托出温馨的气氛，辅助式照明可以加强某一区域的照明，使空间有层次感。所以，优秀的技术表现离不开扎实的专业基础。本课程是一门综合专业理论、审美素质的核心课程，是技术与艺术的综合体现。

1.3

室内电脑效果图制作流程

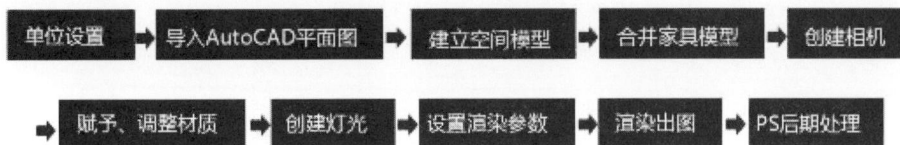

单位设置 → 导入AutoCAD平面图 → 建立空间模型 → 合并家具模型 → 创建相机

→ 赋予、调整材质 → 创建灯光 → 设置渲染参数 → 渲染出图 → PS后期处理

电脑室内效果图制作流程图

（1）导入CAD平面图

在效果图制作中，通常先导入CAD平面图，再根据导入的平面图的准确尺寸在3ds Max中建立空间模型。DWG格式是标准的AutoCAD绘图格式。

（2）建立空间模型

建模是室内效果图制作的第一步，也是后续工作的基础。在建模阶段应当遵循以下几点原则：

①轮廓准确

合理的比例结构关系，准确的轮廓在建模阶段尤为重要。在3ds Max中，有很多用来精确建模的辅助工具，比如单位设置、捕捉、对齐等。在实际制作过程中，应灵活运用这些工具，达到精确建模的目的。

②分清细节层次

建模的过程中，在满足结构要求的前提下，应尽量减少造型的复杂程度，也就是尽量减少造型点、线、面的数量。这样可以加快渲染速度，

提高工作效率，这是在建模阶段须着重考虑的问题。

③建模方法灵活

灵活运用3ds Max提供的多种建模方法，是制作一幅高品质建筑效果图的首要条件。读者在建模时，不仅要选择一种既准确又快捷的方法来完成建模，还要考虑在之后的操作中，是否便于修改。

④兼顾贴图坐标

贴图坐标是调整造型表面纹理贴图的主要操作命令。一般情况下，原始物体都有自身的贴图坐标，但通过对造型进行优化、修改等操作，造型结构发生了变化，其默认的贴图坐标也会错位，此时就应该重新为此物体创建新的贴图坐标。

（3）合并家具模型

空间建模完成后，必须导入家具、电器、陈设品等模型，根据设计要求及风格定位选择合适的家具模型。在学习室内效果图的过程中，要建

立自己的模型库，以方便调用。

（4）创建相机

创建相机是为了便于观看整体效果，进行局部调整和细节处理。相机的位置和角度至关重要，一般来讲，相机的位置要选择视野开阔、无遮挡的地方，高度要适中；选择的视觉中心要是整个空间中最精彩的部分，扬长避短。

（5）赋予、调整材质

空间模型创建完成后，就要为各物体赋予相应的材质。材质是某种材料本身所固有的颜色、纹理、反光度、粗糙度和透明度等属性的统称。想要制作出真实的材质效果，不仅要仔细观察现实生活中真实材料的表现效果，而且还要了解不同材质的物理属性，这样才能调配出真实的材质效果。

（6）创建灯光

在室内效果图制作中，效果图的真实感很大程度上取决于细节的刻画，而灯光在效果图细部刻画中起着至关重要的作用，不仅造型的材质感需要通过照明来体现，而且物体的形状及层次也要靠灯光与阴影来表现。3ds Max提供了多种灯光照明效果，要灵活运用不同的灯光来模拟现实中的灯光效果。

（7）渲染出图

在3ds Max效果图制作中，无论是在制作过程中还是在制作完成后，都要对制作的结果进行渲染，以便观看其效果并进行修改。在渲染过程中为了节约时间，测试渲染阶段参数可以设置小些，出图阶段再调高参数。输出文件应选择可存储Alpha通道的格式，这样便于进行后期处理。

（8）PS后期处理

室内效果图渲染输出后，须使用Photoshop等图像处理软件进行后期处理。一般情况下，室内效果图的后期处理比较简单，只需在场景中添加一些必要的配景，比如盆景花木、人物和陈设品等，另外，还需要对场景的色调及明暗进行处理，以增强场景的艺术感染力。在处理场景的色调及明暗度时，应尽量模拟真实的环境和气氛，使场景与配景能够和谐统一，给人身临其境的感觉。

chapter 2

3ds Max 室内单体建模

2.1

窗户建模

课 时 安 排　3课时

实 训 目 标　本实例讲解的是一个窗户的制作过程，重点是掌握修改面板下的Edit Spline（编辑样
条线）命令，其中包括Outline（轮廓）、Fillet（圆角）、Divide（拆分）等命令。

本实例的教学目标是熟练掌握二维线建模的基本方法。

2.1.1　窗户矩形边框模型创建

（1）单位设置

执行Customize（自定义）/Units Setup.（单位设
置）命令，将System Unit Scale（系统单位）和Display Unit Scale
（显示单位）都设置为Millimeters（毫米），如图

2-1所示。

技巧： 在制作所有的模型前都应该把单位
设置好，保证所导入的模型单位保持一致，才
能得到一样的模型比例。

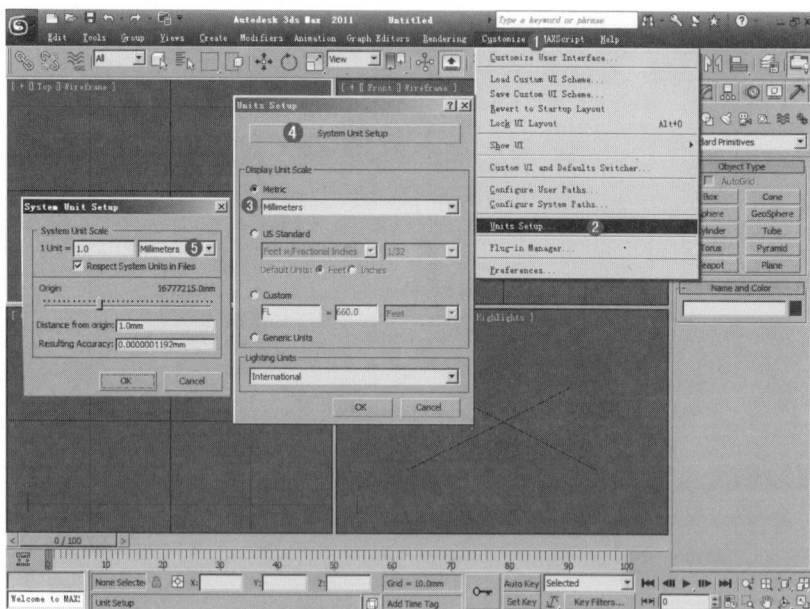

图　2-1

（2）设置端点捕捉

点击Settings（网络和捕捉设置）弹出对话框，勾选Endpoint（末点），单击Options（选项），勾选Snap to frozen objects（捕捉冻结物体）和Use Axis Constraints（使用约束轴），参数设置如图2-2所示。

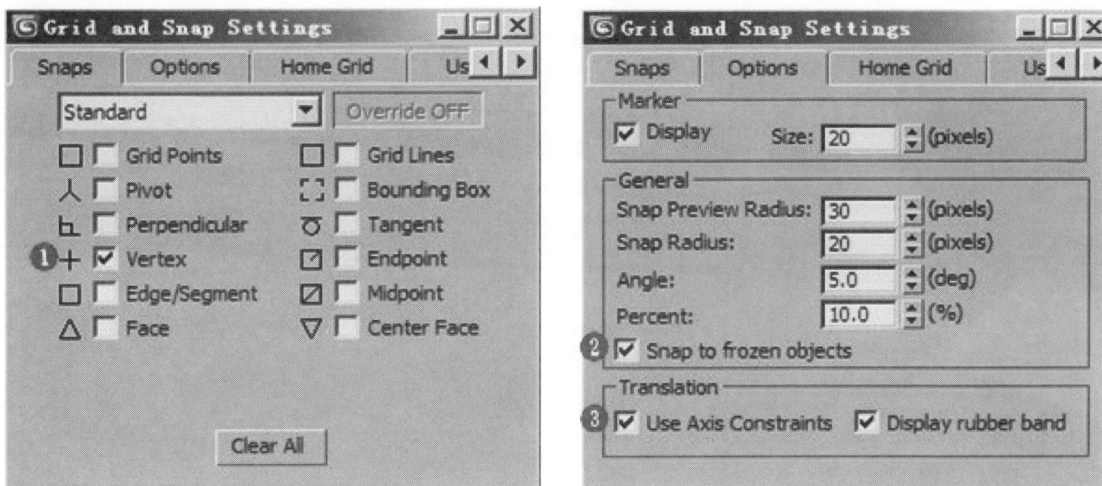

图2-2

技巧：捕捉设置可以有效地帮助我们制作模型，除了设置好捕捉，还应结合锁定x、y、xy轴的快捷键F5、F6、F8，才能更好地发挥捕捉的效率。

（3）绘制矩形

在前视图中用Rectangle（矩形）命令创建一个Length（长度）1250mm，Width（宽度）950mm 的矩形，如图2-3所示。

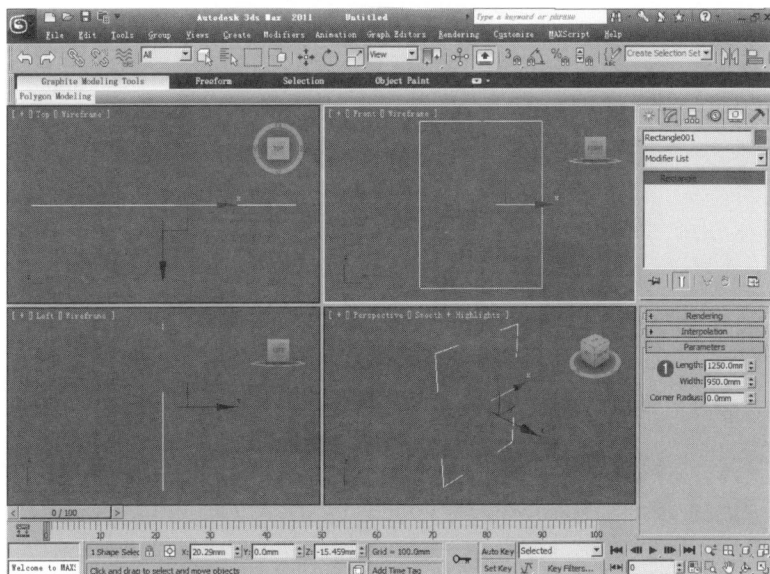

图2-3

（4）绘制窗户边框

按快捷键Alt+W将视图切换到顶视图，点击 ⬛Modifier（修改命令）菜单下 [Modifier List] 中的 Edit Spline（编辑样条线）命令，选择 ⬛Spline （样条线），然后把Outline（轮廓）数值改为 65mm，按回车键确认。最后点击Modifier菜单下 [Modifier List] 中的Extrude（挤出）命令，将绘制 的四条线挤出50mm，得到窗户外框一部分，如 图2-4所示。

（5）制作窗户内框

利用上一步的方法，创建相同的矩形。点击 Edit Spline命令，点 ⬛Spline（样条线），然后 把Outline数值改为45mm，按回车键完成。最后 点击Modifier菜单下 [Modifier List] 中的Extrude（挤 出）命令挤出20mm，对齐后制作好窗户外框， 如图2-5所示。

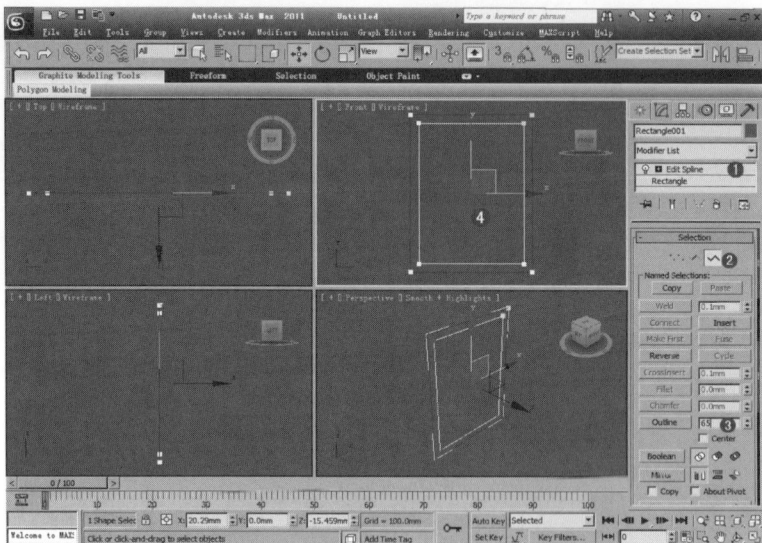

图2-4

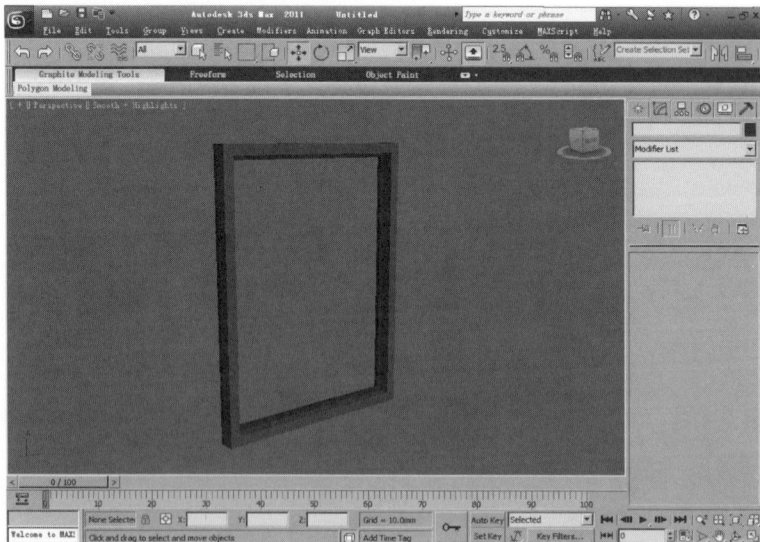

图2-5

2.1.2　窗户弧形边框模型创建

（1）绘制弧线

在前视图中创建一个Length（长度）550mm，Width（宽度）950mm的 Rectangle（矩形），点击Edit Spline（编辑样条线）命令下的 ▦Vertex（顶点），选择矩形上面的两点，将Edit Spline

（编辑样条线）卷展栏下的Fillet（圆角）

`Fillet  0.0mm` 参数改为500mm，按回车确定，如图2-6所示。

（2）制作弧形窗户边框

点击Modifier（修改命令）菜单下 `Modifier List` 中的Edit Spline（编辑样条线）命令，点Spline（样条线），把Outline（轮廓）数值改为65mm。点击Modifier（修改命令）菜单下 `Modifier List` 中的 Extrude（挤出）命令，将弧形线条挤出50mm，得到窗户上面的弧形外框。用同样的方法，设置 Outline（轮廓）数值为45mm、挤出为20mm，制作出弧形内框，最终完成窗户的边框，如图2-7所示。

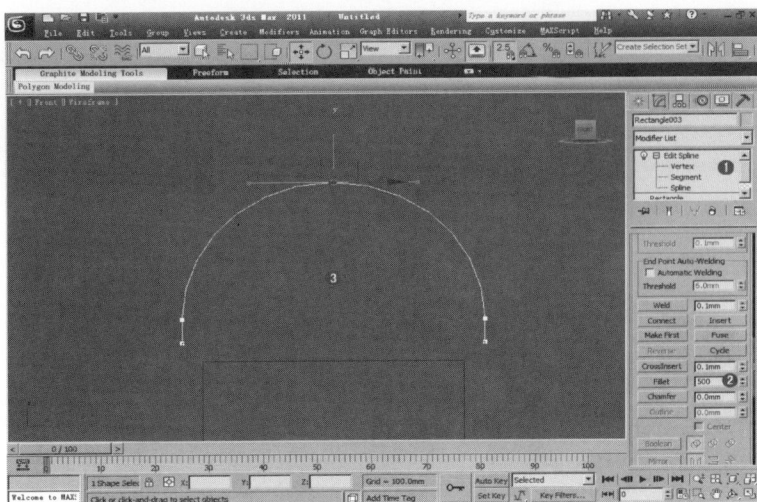

图2-6

图2-7

2.1.3 弧形窗扇模型创建

（1）制作弧形窗扇边框

在前视图中创建一个Length（长度）450mm，Width（宽度）850mm的Rectangle（矩形），同样用Fillet（圆角）工具倒圆角制作出弧形窗扇边框。点击Modifier（修改命令）菜单下 `Modifier List ▼` 中的Edit Spline（编辑样条线）命令，点Spline（样条线），然后把Outline（轮廓）数值改为50mm，按回车键完成。点击Modifier（修改命令）菜单下 `Modifier List ▼` 中的Extrude（挤出）命令，挤出40mm，得到窗扇外框，如图2-8所示。

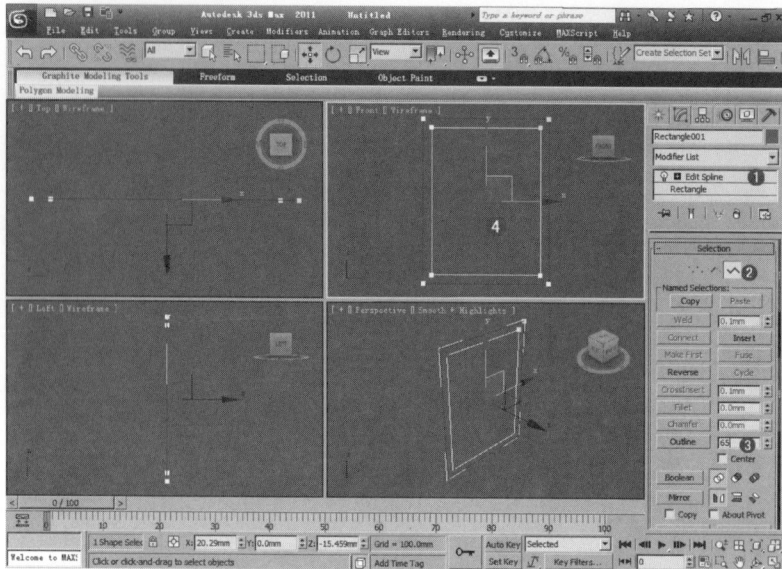

图2-8

（2）创建弧形窗扇的格栅

①在前视图中用Arc（弧）创建曲线，参数设置为Radius（半径）：220mm，From（起点）：4，To（终点）：175。在渲染卷展栏中设置参数，勾选在渲染中启用和在视图中启用选项，设置Thickness（厚度）为45mm，用Line（线）创建直线，设置其渲染卷展栏参数和之前创建的曲线一样，如图2-9所示。

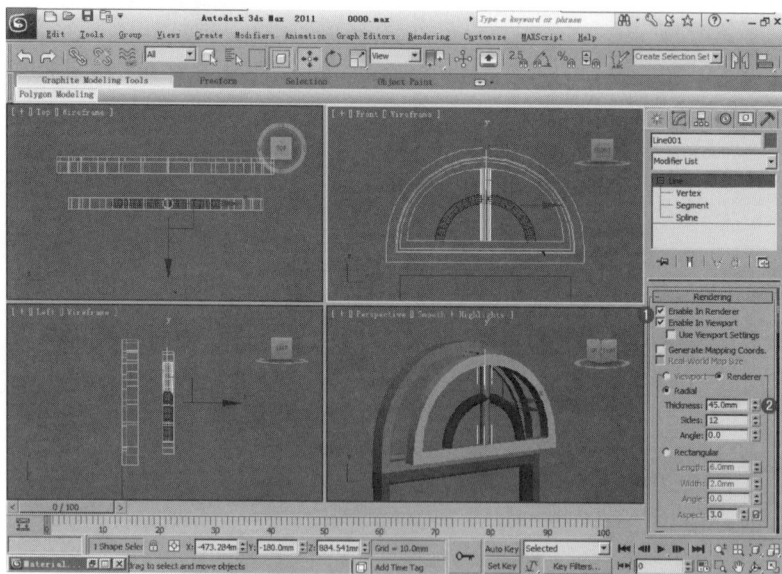

图2-9

②设置角度捕捉参数 ▣ 如图2-10所示。

③用Line（线）创建直线，结合旋转命令和角度设置进行旋转，设置渲染卷展栏参数和之前创建的曲线一样，最终完成格栅制作，如图2-11所示。

（3）创建弧形窗户玻璃

结合制作弧形窗扇的方法，使用Edit Spline（编辑样条线）命令中的圆角绘制弧形二维线，点击Modifier（修改命令）中的Extrude（挤出），设置为5mm。调节好弧形窗扇的位置，完成弧形窗户玻璃的制作，如图2-12所示。

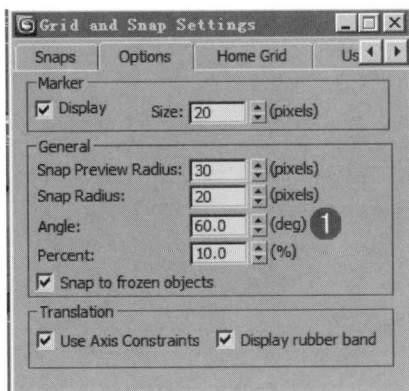

图2-11

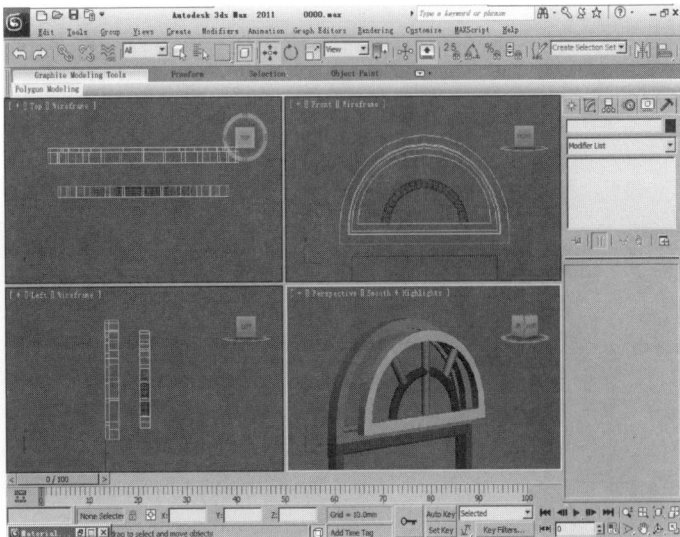

图2-10

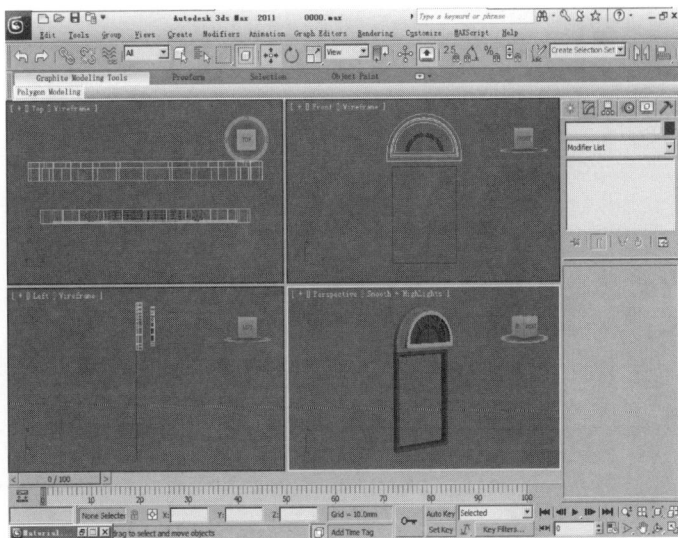

图2-12

2.1.4　矩形窗扇模型创建

（1）创建矩形窗扇边框

在前视图中，用上一节的方法绘制矩形窗扇外框。点击Edit Spline（编辑样条线）层级下的Segment（线段）▣ 命令，选择矩形窗扇内侧的两条竖边，设置Divide（均分）参数为3后，点击Divide（均分），如图2-13所示。

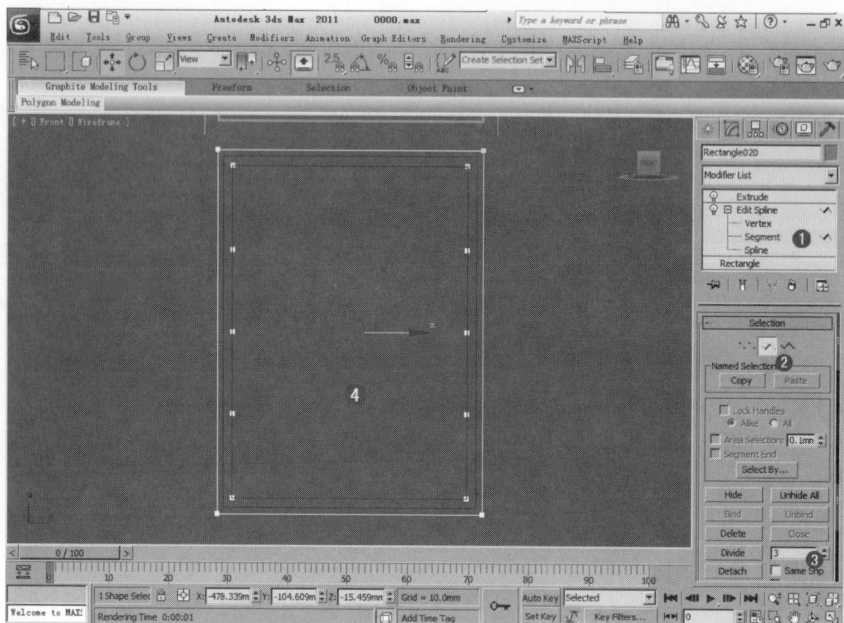

图2-13

（2）创建矩形窗扇格栅和玻璃

用Line（线）创建直线，打开中点捕捉，绘制竖向格栅和横向格栅，绘制出格栅二维线并设置渲染参数和之前的曲线一样，利用矩形制作玻璃，最后效果如图2-14所示。

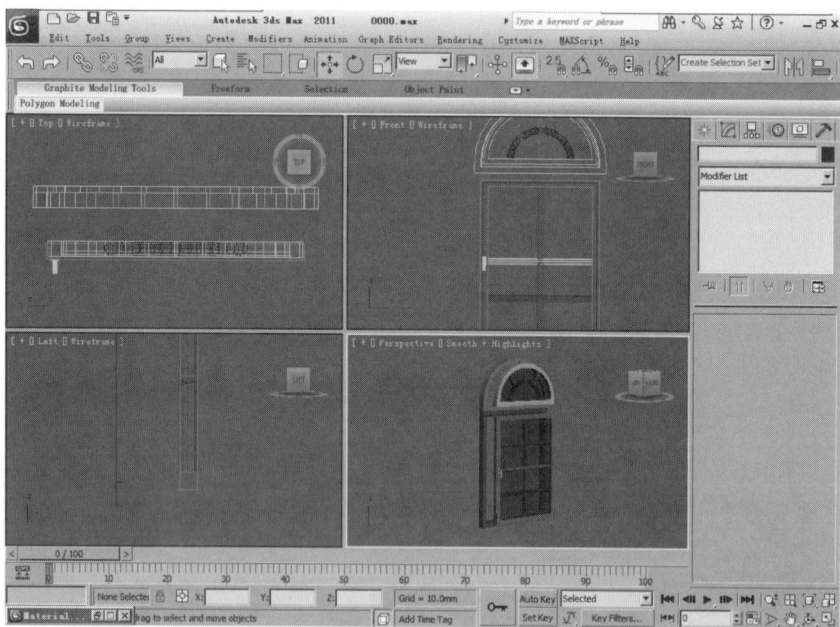

图2-14

2.1.5　制作窗户拉手

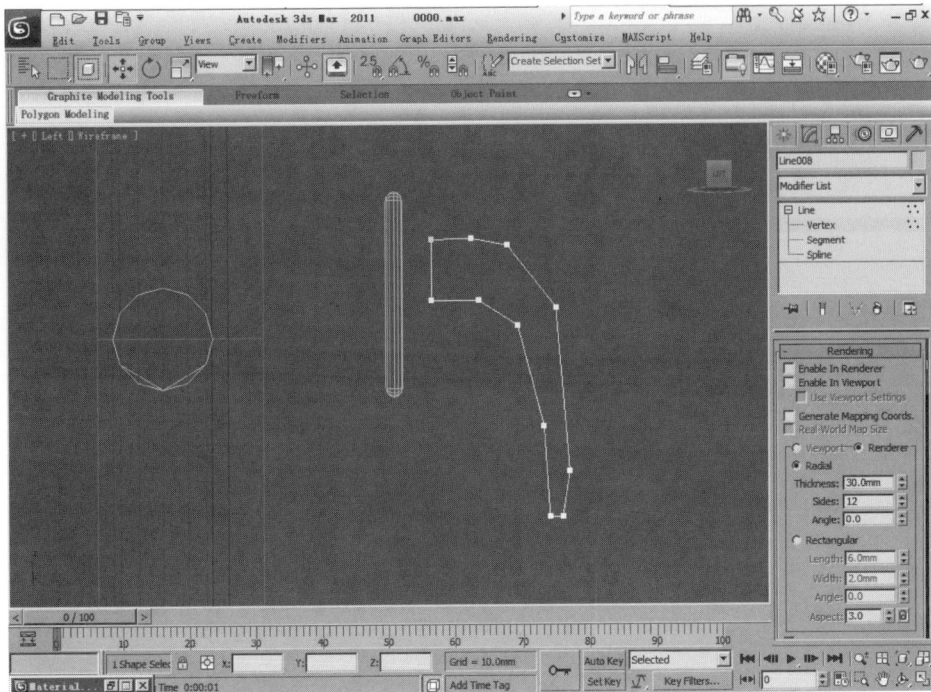

图2-15

（1）创建锁头

在前视图中用ChamferBox（倒角立方体）创建一个Length（长度）60mm，Width（宽度）25mm，Height（高）5mm，Fillet（圆角）3的倒角立方体，完成锁头的制作。

（2）创建拉手

①在左视图中创建一个类似拉手的二维线，如图2-15所示。

②点击Edit Spline（编辑样条线）下的Vertex（顶点）命令，选择制作好的拉手的点，点击右键设置点为Smooth（平滑）并进行调节，点击Modifier（修改命令）卷展栏菜单下的Extrude（挤出），设置为15mm，如图2-16所示。

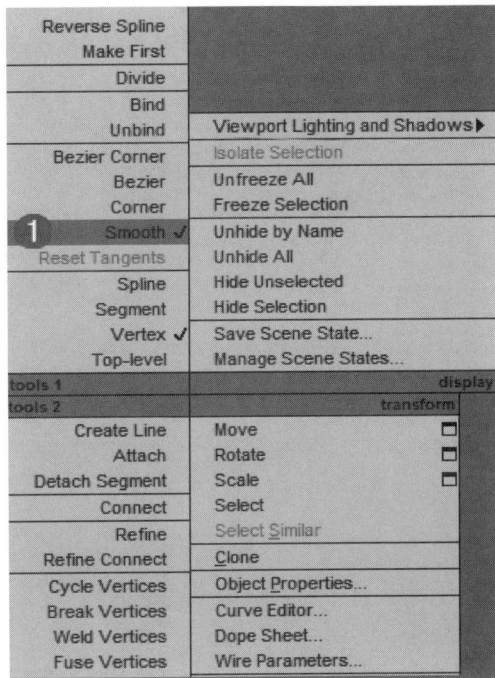

图2-16

③调节制作好锁和拉手，如图2-17所示。

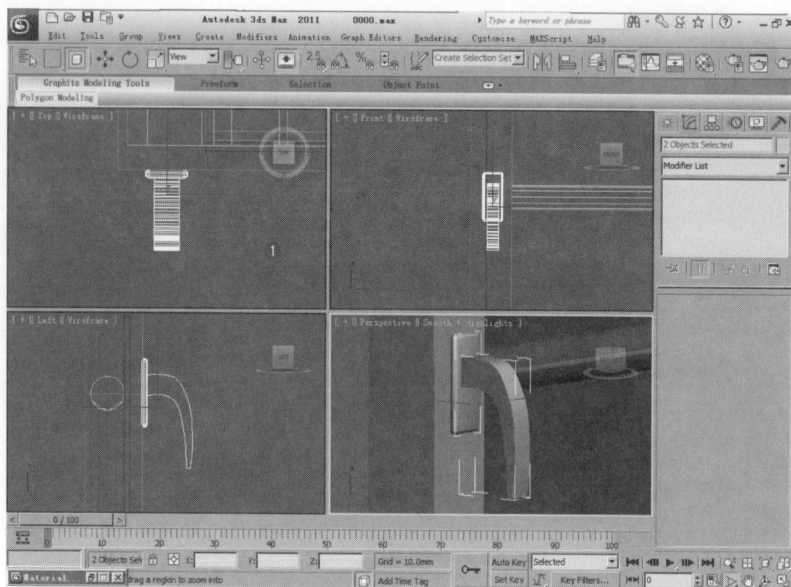

图2-17

2.1.6　渲染最终效果

（1）渲染效果

调整好各个窗户部件的位置，窗户最终效果如图2-18所示。

（2）保存文件

单击菜单栏中file（文件）/save as（另存为）命令，将文件保存为"2.1 窗户"。

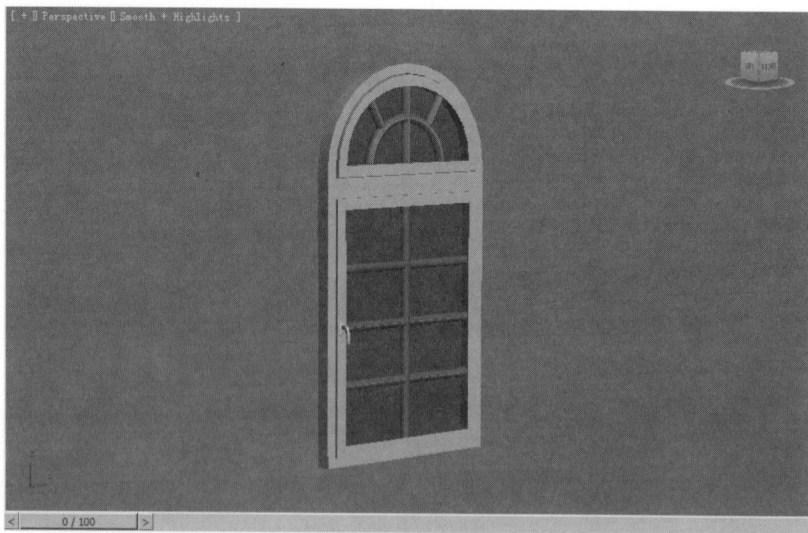

图2-18

2.2

窗帘建模

课 时 安 排	3课时
实 训 目 标	本实例是讲解一个窗帘制作，重点是掌握修改面板下的Edit Spline（编辑样条线）和 Lathe（车削）、Loft（放样）等命令。本节的目标是熟练掌握二维线建模的方法。

2.2.1 直体窗帘模型创建

（1）绘制曲线

①将单位设置为mm（毫米），设置端点捕捉。在顶视图中用Line（线）创建曲线，点击Edit Spline（编辑样条线）下的Vertex（顶点），选择已制作好的曲线的点，点击右键设置点为Smooth（平滑）并进行调节，如图2-19所示。

②用相同的方法再制作一条弧度不一样的曲线，如图2-20所示。

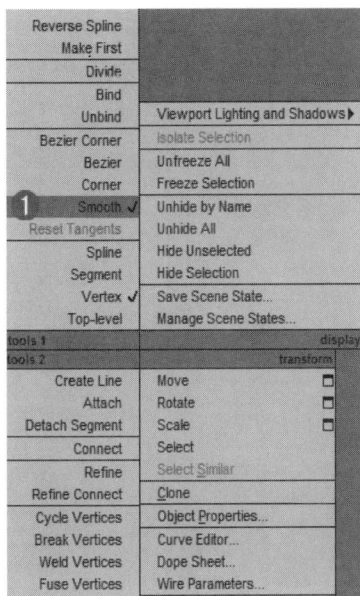

图2-19

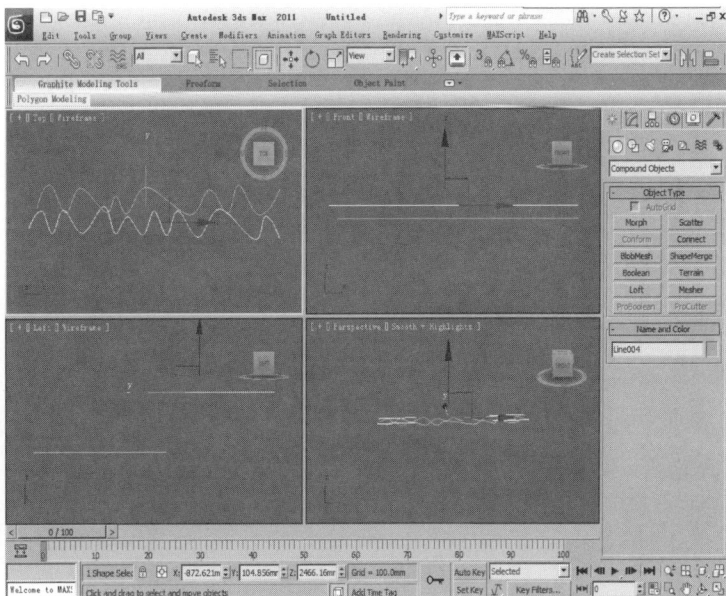

图2-20

（2）绘制窗帘

在前视图中用Line（线）创建直线，点击Loft（放样）后点击Get Shape（获取图形）并选取制作好的曲线，修改Path（路径）参数为100，再点选另外的曲线，得到直体窗帘，如图2-21所示。

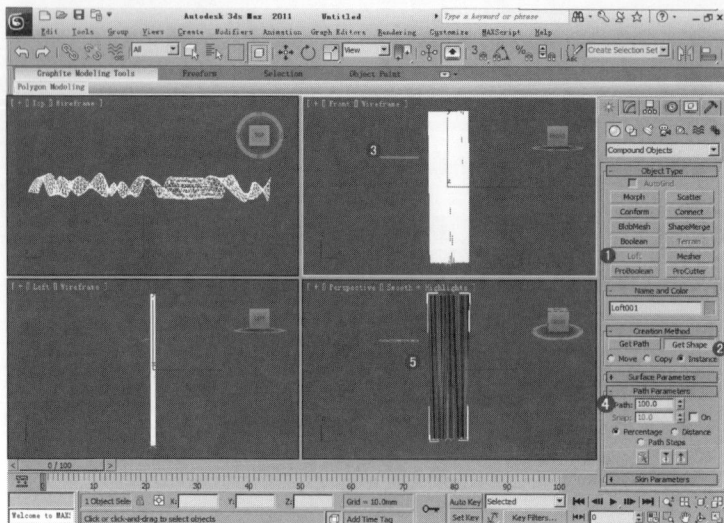

图2-21

2.2.2 弧形窗帘模型创建

（1）绘制弧形窗帘

①用制作直体窗帘的方法先制作出直体窗帘，调节Loft（放样）命令卷展栏下Deformations（变形）中的Scale（缩放），如图2-22所示。

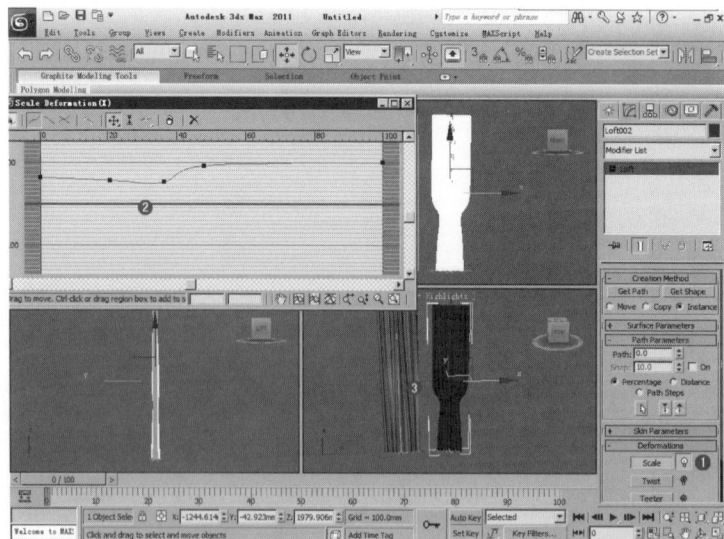

图2-22

②点击Modifier（修改命令）窗口中的Loft（放样），使之变成黄色，再重新框选窗帘一次，点击Left（左），窗帘自动生成半边卷起，如图2-23所示。

（2）绘制弧形窗帘的绑绳

在顶视图中用Line（线）创建两条曲线，使用Loft（放样）命令制作绑绳，如图2-24所示。

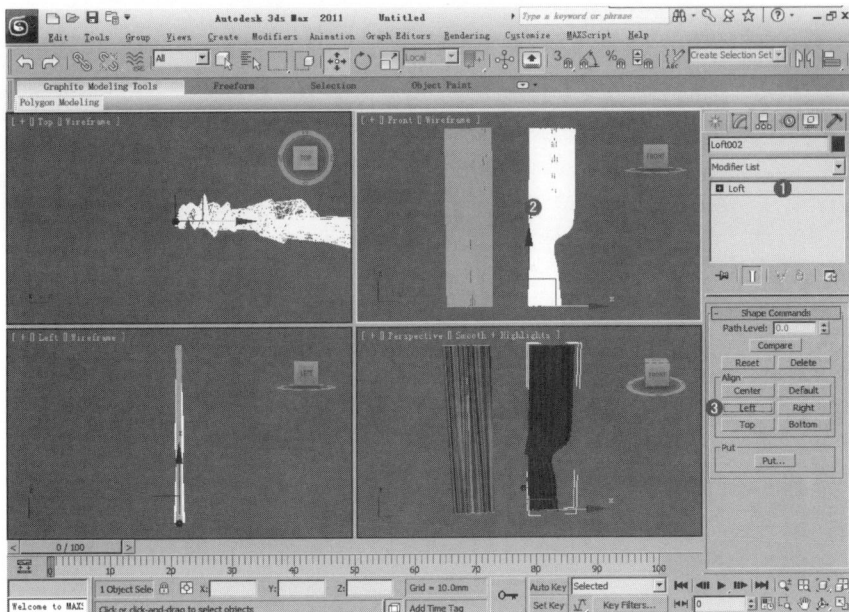

图2-23

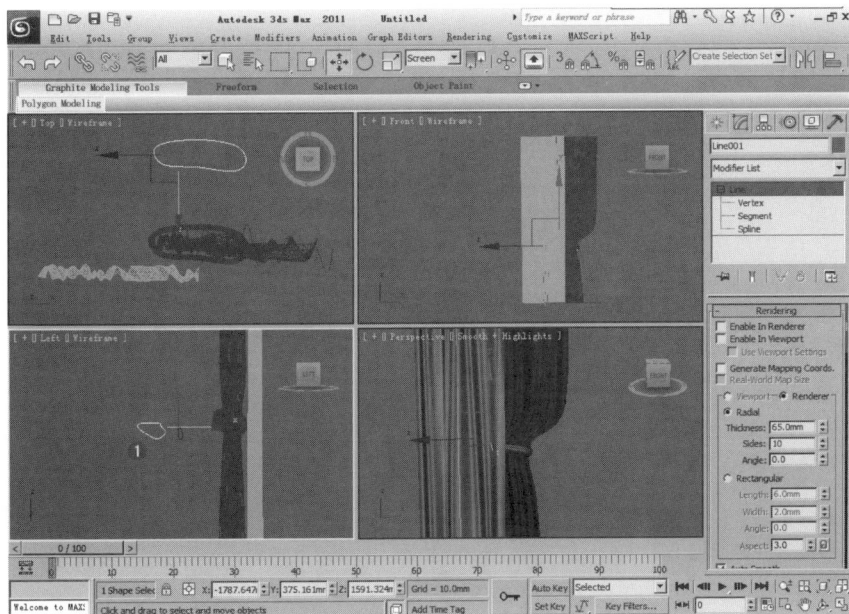

图2-24

2.2.3　窗帘杆模型创建

（1）绘制窗帘杆

在左视图中用Circle（圆）创建一个Radius（半径）为10mm的圆，点击Modifier（修改命令）菜单下的Extrude（挤出）命令，挤出2600mm，得到窗帘杆，复制一根，如图2-25所示。

（2）绘制窗帘杆头

①在前视图中，用Line（线）命令创建曲线，曲线形状为窗帘头的外部轮廓，如图2-26所示。

②点击Modifier（修改命令）菜单下的

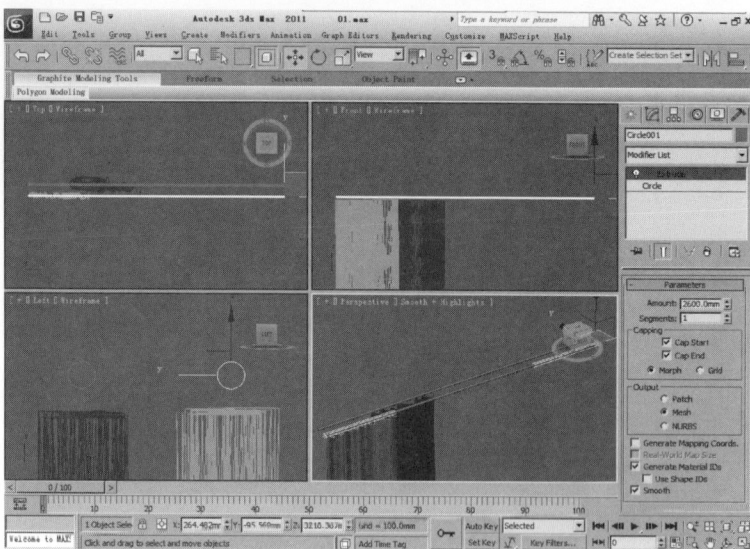

图2-25

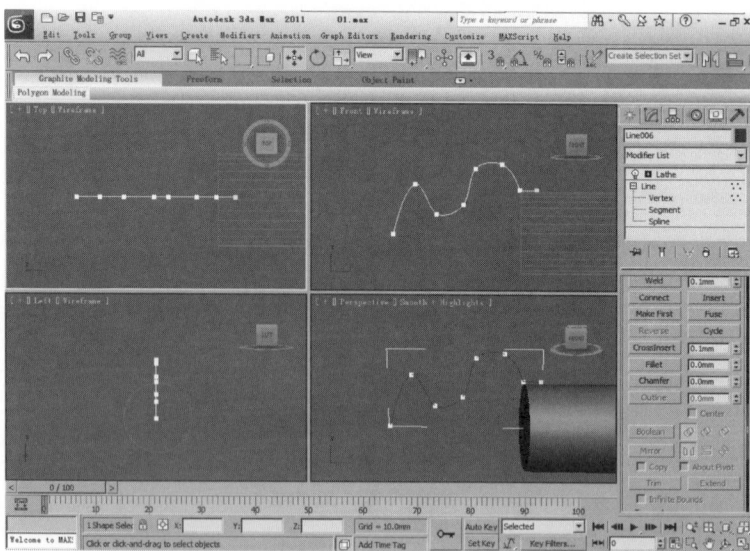

图2-26

Lathe（车削）命令，线条会自动旋转360° 形成底座模型。如果轴方向不对可以点击X、Y、Z轴，也可点击Modifier（修改命令）窗口中的Lathe（车削）使其变成黄色，用移动工具推动模型，得到固定底座，如图2-27所示。

（3）绘制窗帘布挂件

在左视图中用Ellipse（椭圆）命令，创建一个Length（长度）50mm、Width（宽度）30mm的椭圆。打开渲染卷展栏设置参数，勾选在渲染中启用和在视图中启用，设置Thickness（厚度）为3mm，复制多个椭圆移动至窗帘布边，如图2-28所示。

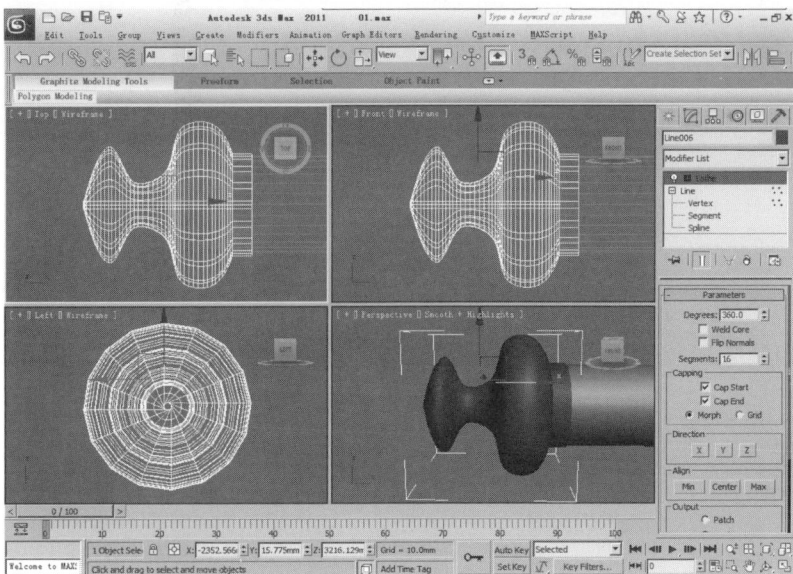

图2-27

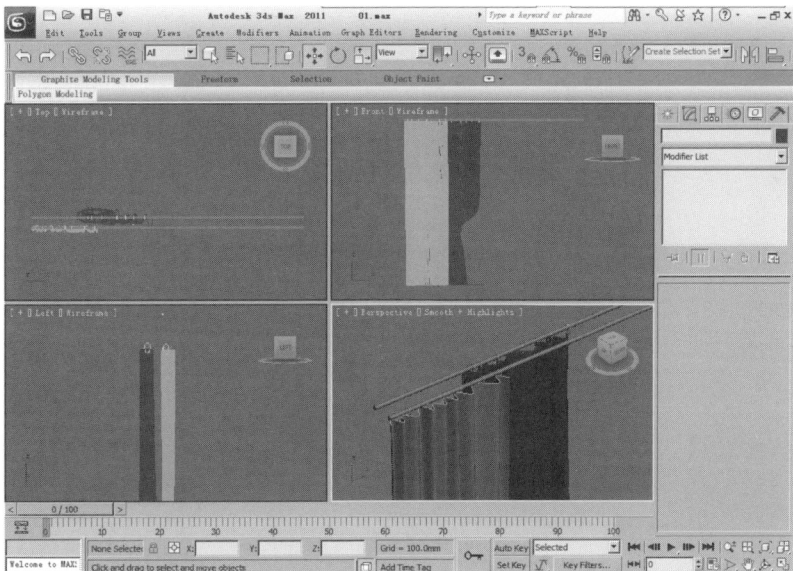

图2-28

（4）绘制窗帘杆固定件

①在前视图中用Chamfer Cyl（切角圆柱体）命令创建一个Radius（半径）17mm、Height（高）10mm、Fillet（圆角）1mm的切角圆柱体。在左视图中用Line（线）命令创建固定件底座线条，如图2-29所示。

②选择创建好的底座线造型，点击Modifier（修改命令）菜单下的Lathe（车削）命令，线条将自动旋转360°形成底座模型，如图2-30所示。

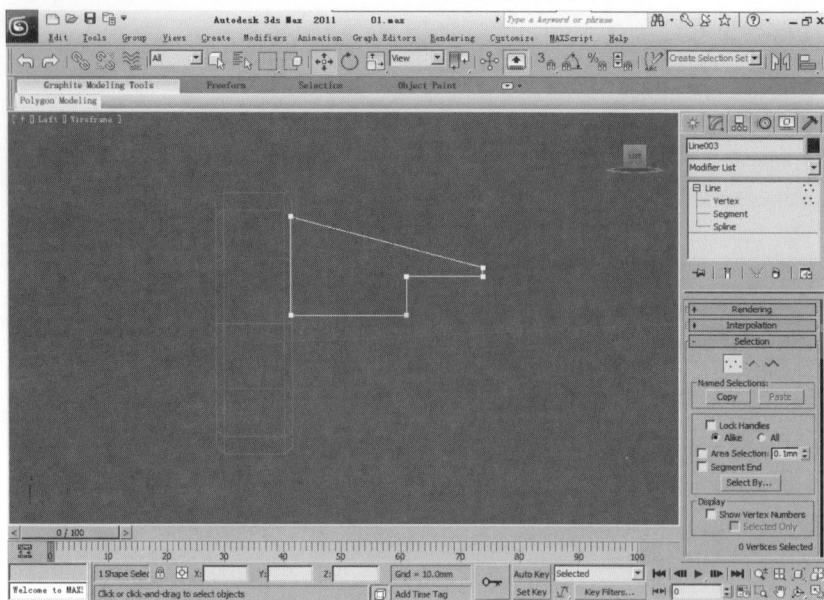

图2-29

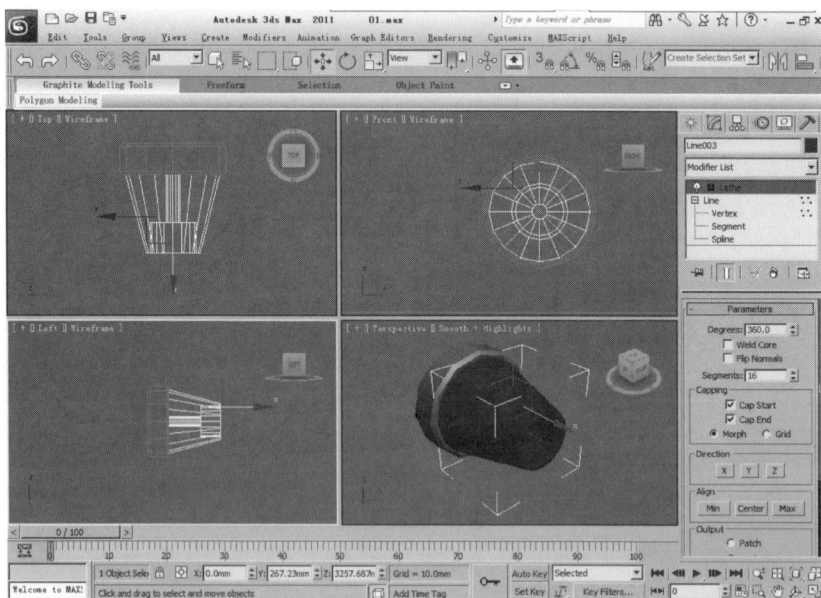

图2-30

③在前视图中，用Circle（圆）命令创建一个Radius（半径）6mm的圆，点击Modifier（修改命令）菜单下的Extrude（挤出）命令，挤出70 mm，得到窗帘固定杆，复制一根将其挤出参数改为35mm，如图2-31所示。

④在左视图中用Line（线）命令创建固定件线条。点击Modifier（修改命令）菜单下的Extrude（挤出）命令，挤出20mm得到固定挂件，如图2-32所示。

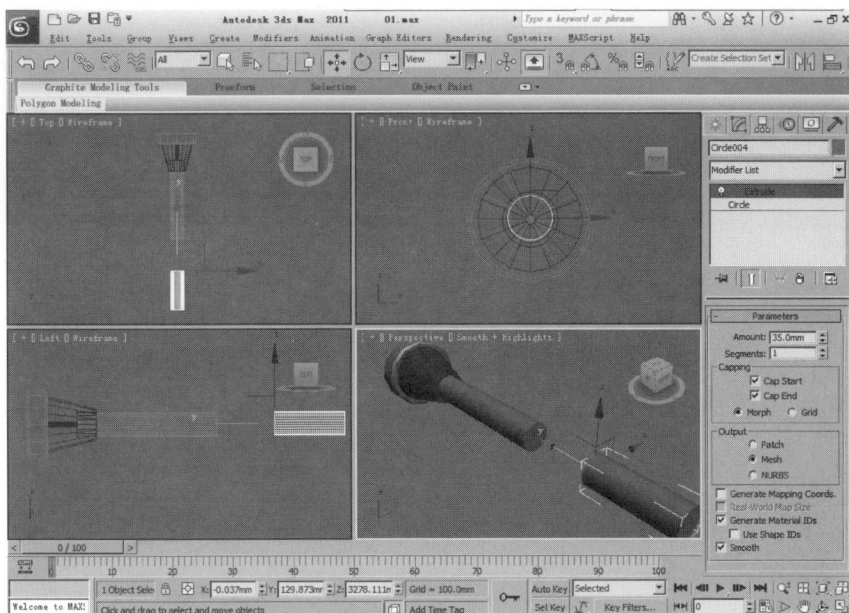

图2-31

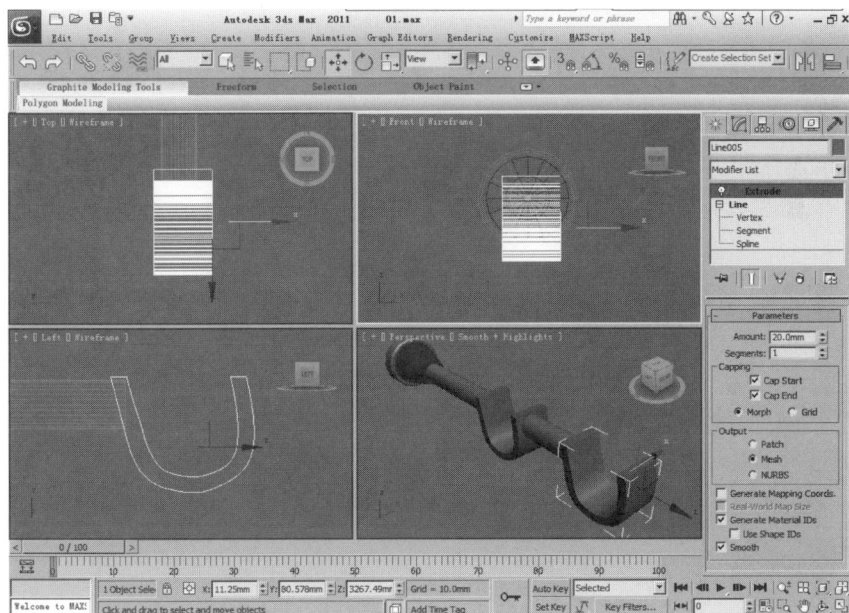

图2-32

2.2.4 渲染最终效果

（1）渲染效果

复制各个窗帘部件，调整好各个窗户部件位置，窗帘最终效果如图2-33所示。

（2）保存文件

单击菜单栏中file（文件）/save as（另存为）命令，将文件保存为"2.2窗帘"。

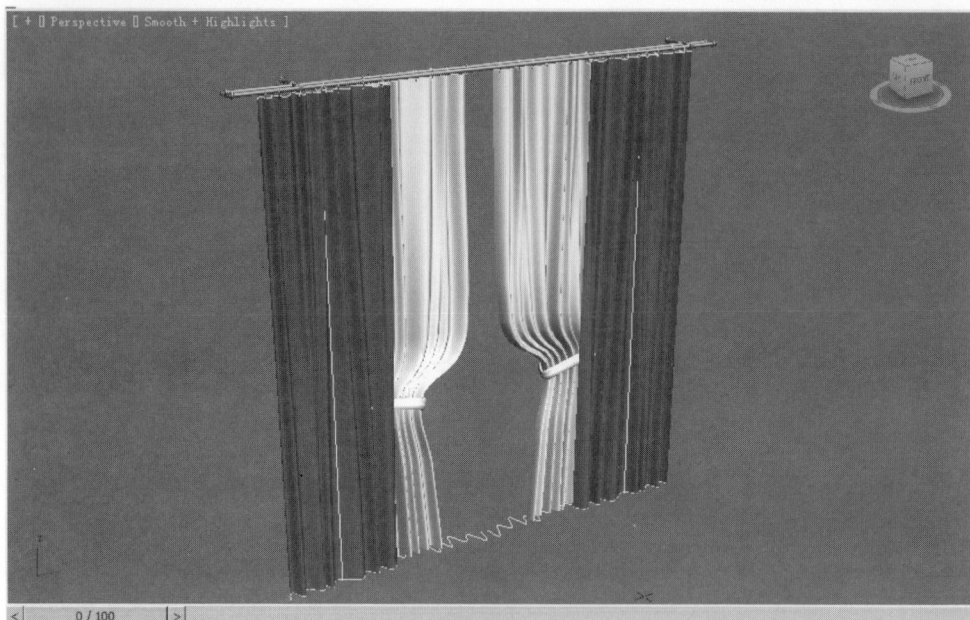

图2-33

2.3

车边银镜建模

课 时 安 排	2课时
实 训 目 标	本实例讲解的是车边银镜的制作，重点是掌握修改面板下的Edit Poly（编辑多边形）命令，其中包括Connect（连接）、Bevel（倒角）、Bevel Profile（倒角剖面）等子命令。教学目标为掌握多边形建模的基本方法。

2.3.1 窗户矩形边框模型创建

（1）单位和端点捕捉设置

将System Unitscale（系统单位）和Display Unitscale（显示单位）都设置为Millimeters（毫米），捕捉设置为Vertex（顶点），并勾选Snap to frozen objects（捕捉冻结物体）和Use Axis Constraints（使用约束轴）。

（2）绘制平面

在前视图中用Plane（平面）命令创建一个Length（长度）2500mm，Width（宽度）2100mm 的平面，修改Length Segs（长度分段）数值为6，Width segs（宽度分段）数值为5，如图2-34所示。

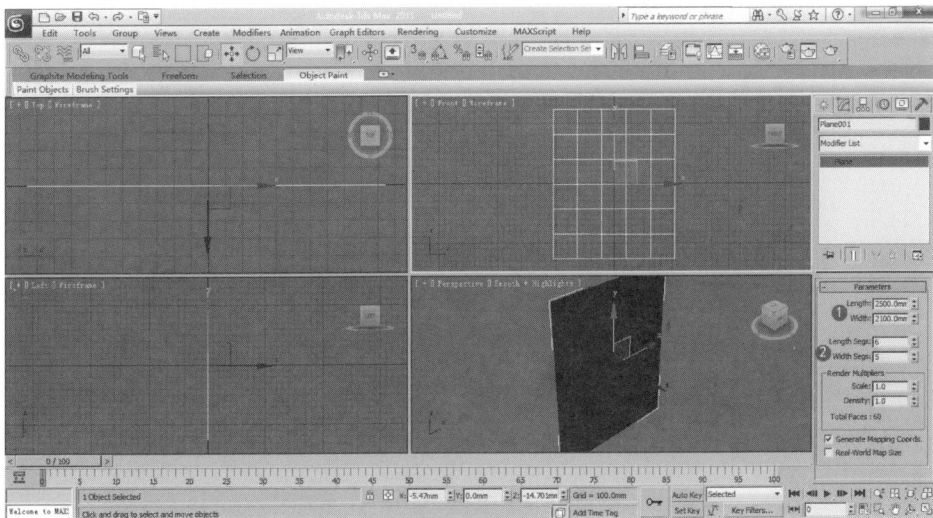

图2-34

（3）添加编辑多边形命令

点击Modifier（修改命令）菜单下的Edit Poly（编辑多边形）命令，为Plane（平面）添加编辑多边形命令，如图2-35所示。

（4）制作斜边

按快捷键Alt+W将视图最大化到前视图，进入Edit Poly（编辑多边形）命令，选择子命令 ◁Edge（线段），全选模型中所有的线。进入 Edit Edges（编辑线）卷展栏，单击 Connect Connect（连接）后面的小方块（设置），在弹出的Connect（连接）参数面板中，设置Segments（段数）为1，其他参数为0，点击确认，这时图形已经被新建的线连接起来，如图2-36所示。

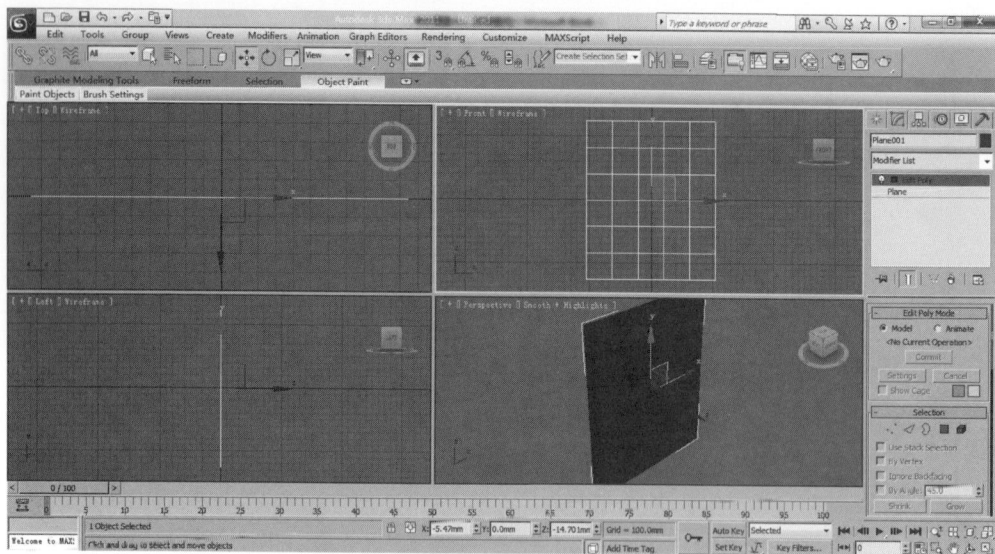

图2-35

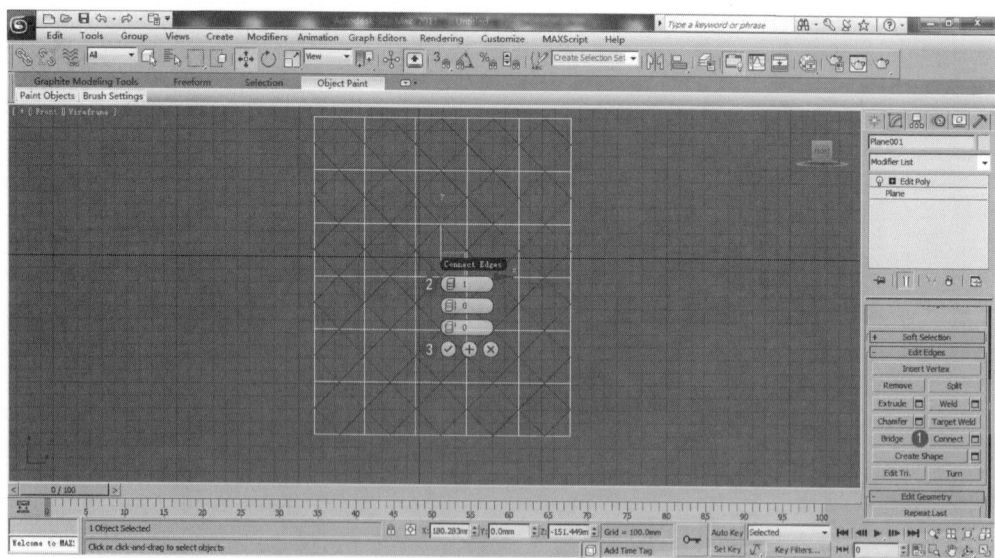

图2-36

在菜单栏里点击Edit（编辑）菜单，在弹出的下拉菜单里选择Select Invert（反选）（快捷键Ctrl+I），然后配合ALT+鼠标左键（减选）点击边框线，减去边框的边线，如图2-37所示。

把选中的线进行Remove（移除）（注：在点移除之前一定要按住Ctrl键+ Remove，如图2-38所示。

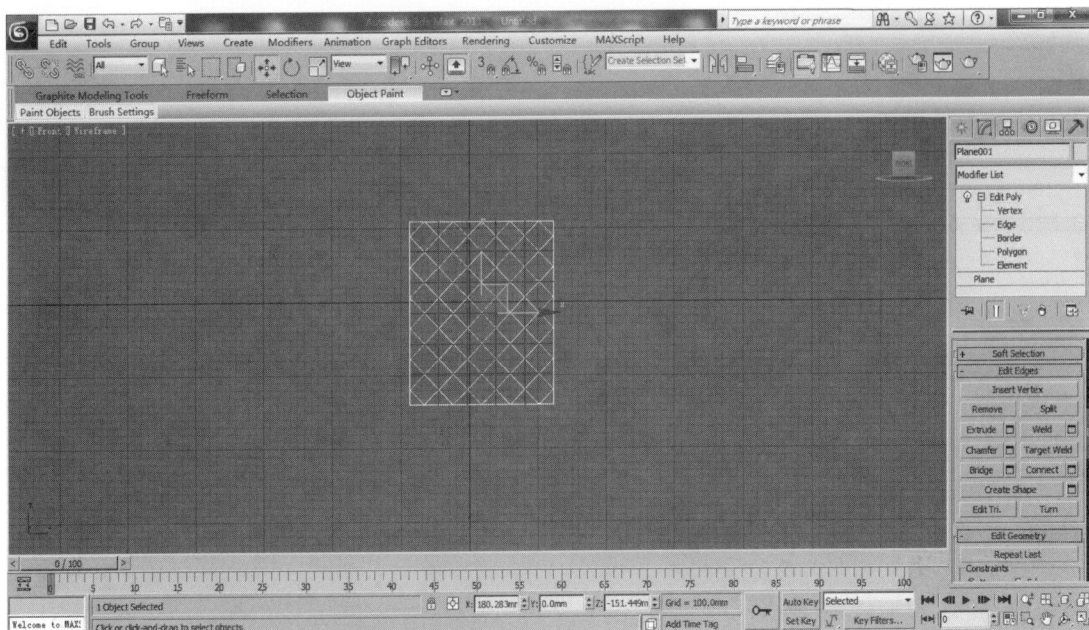

图2-37

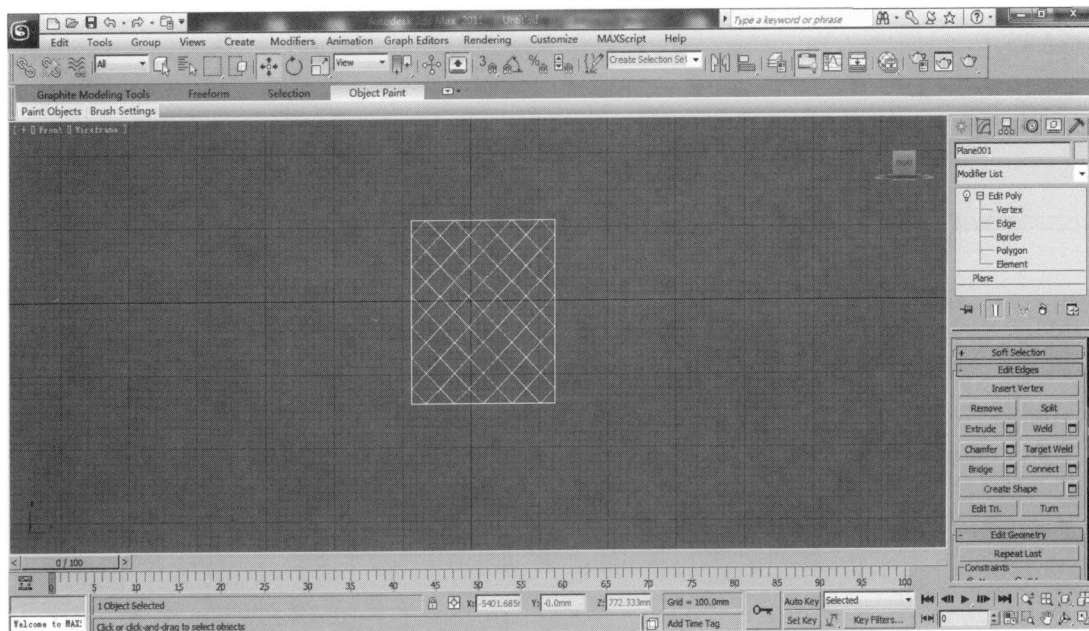

图2-38

（5）制作倒角镜面

　　进入Edit Poly（编辑多边形）命令，选择子命令 Polygon（面），然后选中模型中所有的面，点击 Bevel（倒角）命令后面的小按钮（设置）。在弹出的Bevel（倒角）命令参数设置对话框中，选择Bevel Type（倒角类型）为By Polygon（打开编辑多边形），如图2-39所示。

　　设置Height（高度）为10mm， Outline Amoutnt（轮廓线数量）为-9mm，点击OK键，如图2-40所示。

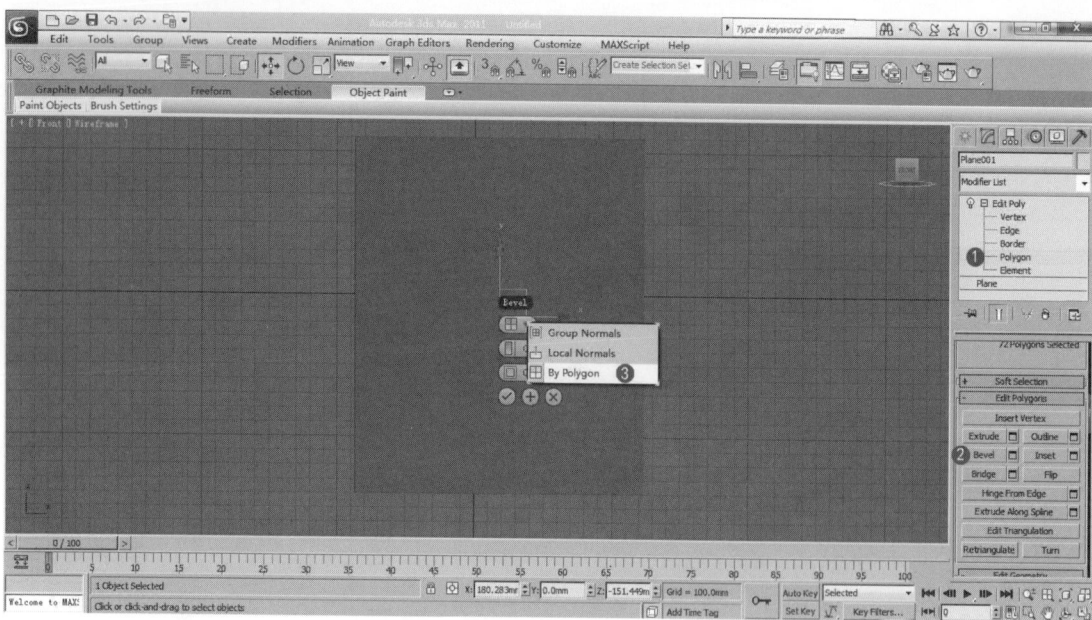

图2-39

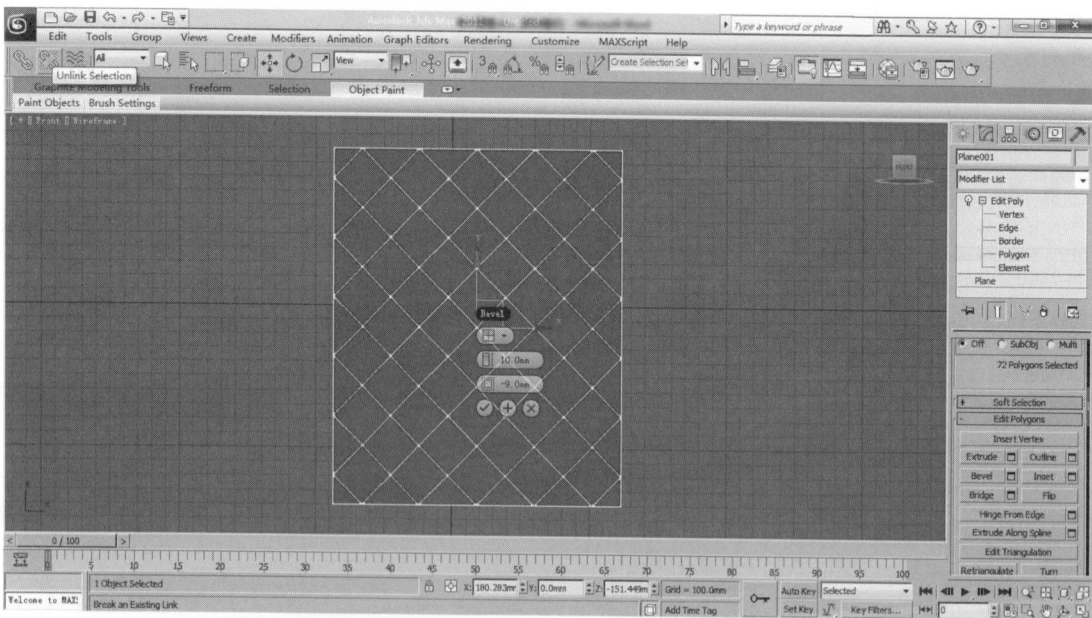

图2-40

2.3.2　镜框模型创建

（1）绘制矩形

点击Snaps Toggle（捕捉），选择 2.5 2.5维，点击 Rectangle Rectangle（矩形），在前视图中绘制如图2-41所示的图形。

（2）绘制剖面图形

在前视图中用Line（线）命令绘制剖面图形，如图2-42所示。

（3）添加倒角命令

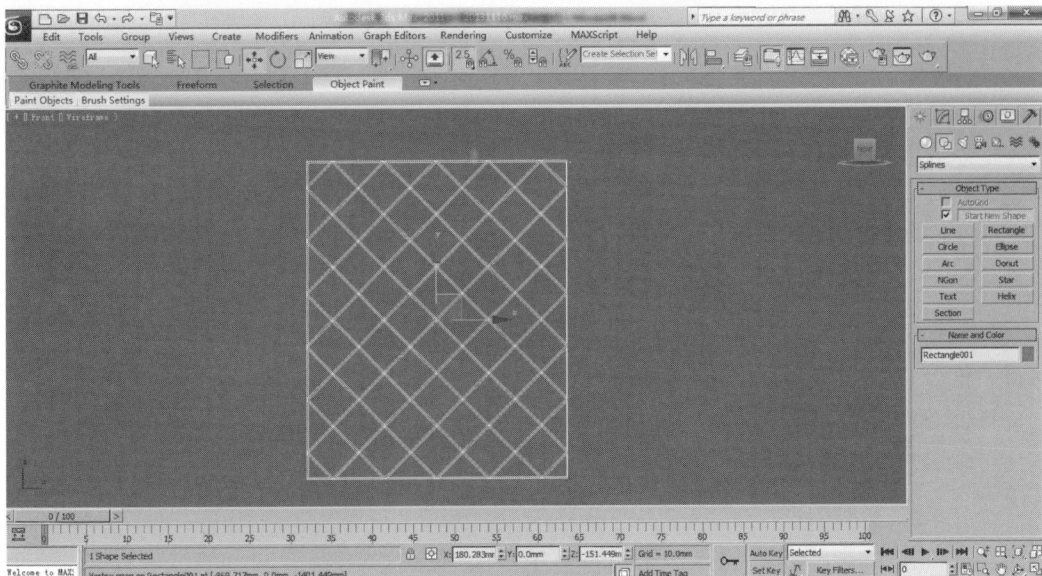

图2-41

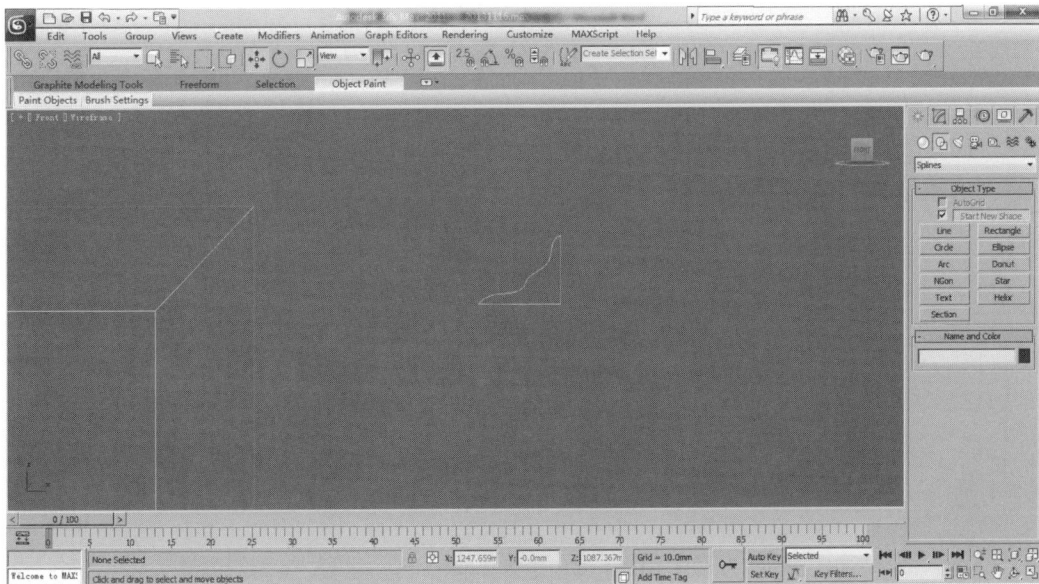

图2-42

点击Modifier（修改命令）菜单下的Bevel Profile （倒角剖面）命令，点击Pick Profile（拾取剖面）拾取刚绘制的剖面图形，效果如图2-43所示。

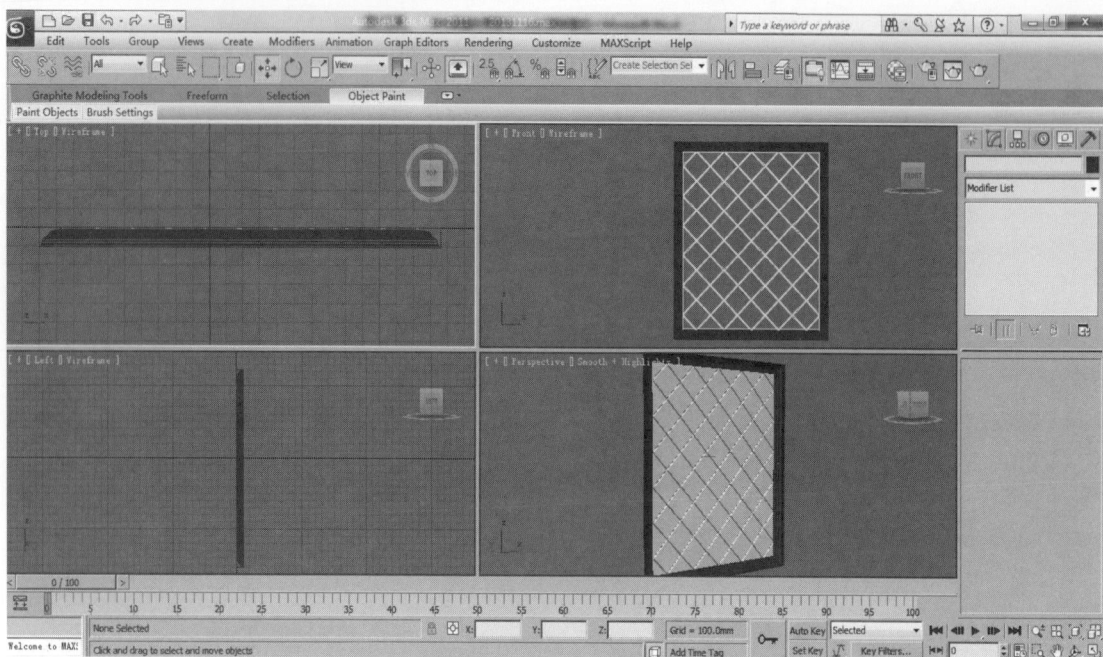

图2-43

2.3.3　渲染最终效果

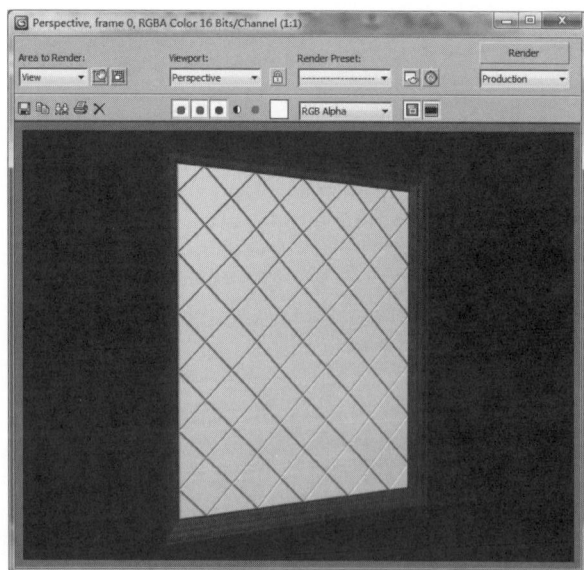

图2-44

（1）渲染效果

按Shift + Q键，车边银镜最终渲染效果如图2-44所示。

（2）保存文件

单击菜单栏中file（文件）/save as（另存为）命令，将文件保存为"2.3 车边银镜"。

2.4

墙面软包建模

课 时 安 排	2课时
实 训 目 标	本实例讲解的是墙面软包的制作，重点是掌握修改面板下的Edit Poly（编辑多边形）命令，其中包括Tessellate（细化）、Extrude（挤出）、Inset（插入）等子命令。教学目标为熟练掌握多边形建模的方法。

2.4.1　软包表面结构模型创建

（1）单位和端点捕捉设置

将System Unitscale（系统单位）和Display Unitscale（显示单位）都设置为Millimeters（毫米），将捕捉设置为Vertex（顶点），勾选Snap to frozen objects（捕捉冻结物体）和Use Axis Constraints（使用约束轴）。

（2）绘制平面

在前视图中用Plane（平面）命令创建一个Length（长度）2600mm，Width（宽度）2600mm 的平面，并且修改Length Segs（长度分段）为4，Width Segs（宽度分段）为4，如图2-45所示。

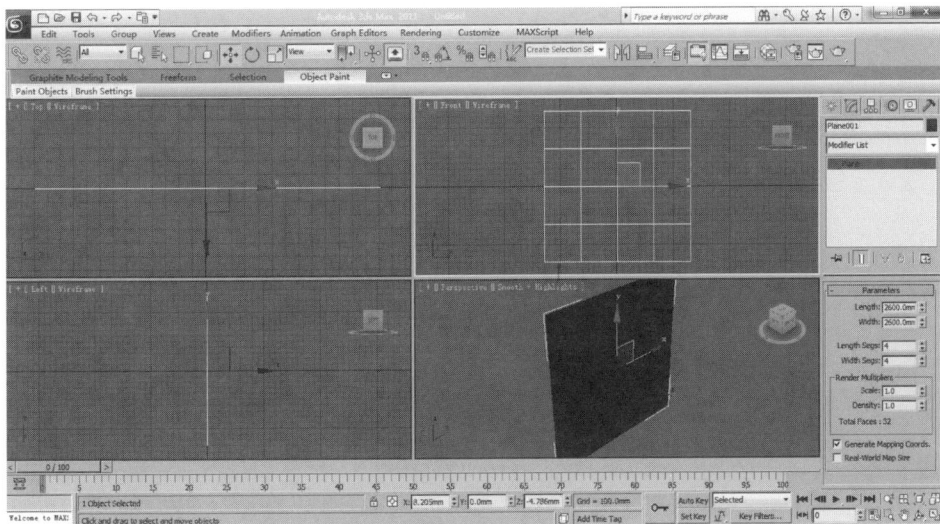

图2-45

（3）添加编辑多边形命令

点击Modifier（修改命令）菜单下的Edit Poly（编辑多边形）命令，为Plane（平面）添加编辑多边形命令，如图2-46所示。

（4）软包连接扣制作

按快捷键Alt+W将视图最大化到前视图，进入Edit Poly（编辑多边形）命令，选择子命令 ⣿

Vertex（顶点），然后选中模型中的所有点。进入 Edit Geometry Edit Geometry（编辑几何体）卷展栏，单击Tessellate（细化）后面的小方块（设置），在弹出Tessellate（细化）命令参数设置对话框中，选择Polygon（多边形），如图2-47所示。

设置Tessellate Tension（细化拉力）为0，

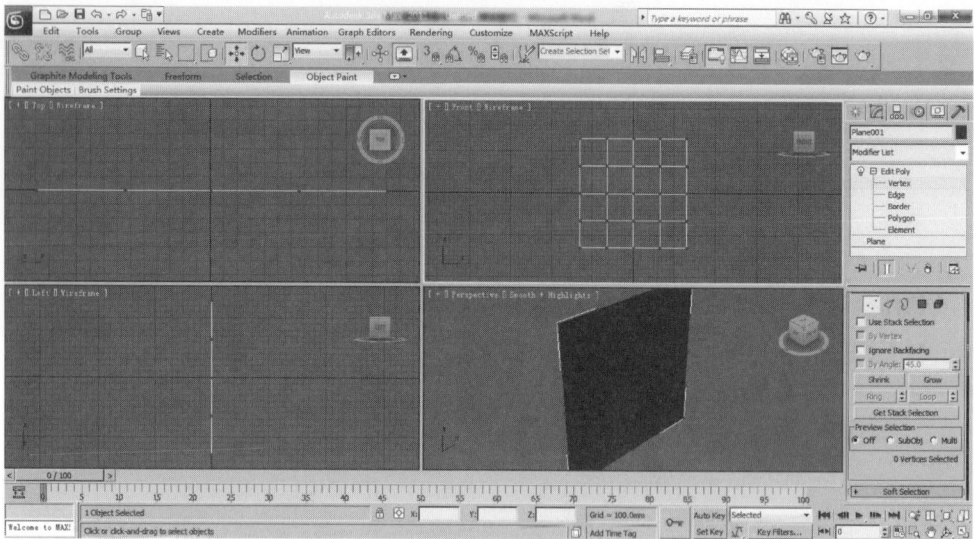

图2-46

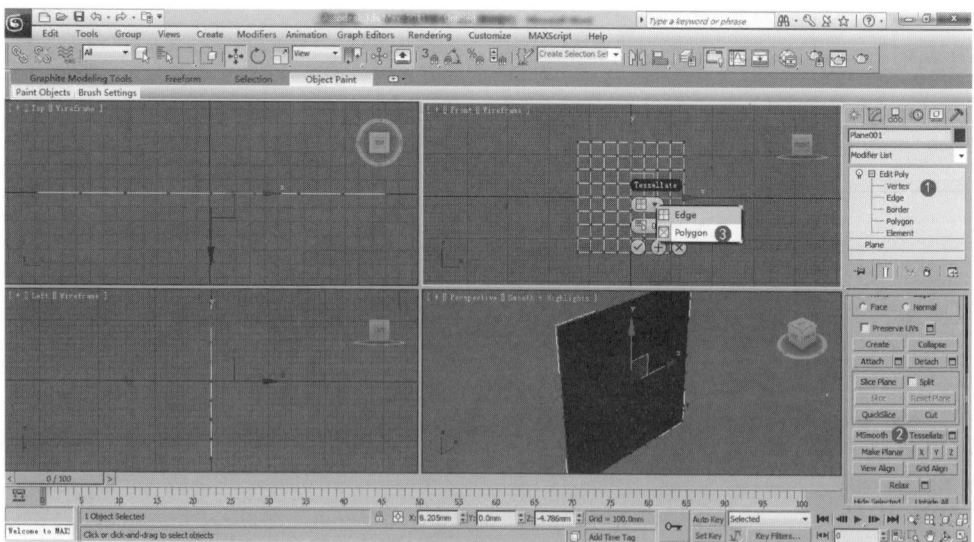

图2-47

点击OK键，效果如图2-48所示。

　结束Tessellate（细化）命令后，再进入Edit

Poly（编辑多边形）命令，选择子命令·Vertex

（顶点），选中模型中交叉部分的中心点，如图
2-49所示。

　点击 Edit Vertices Edit Vertices（编辑

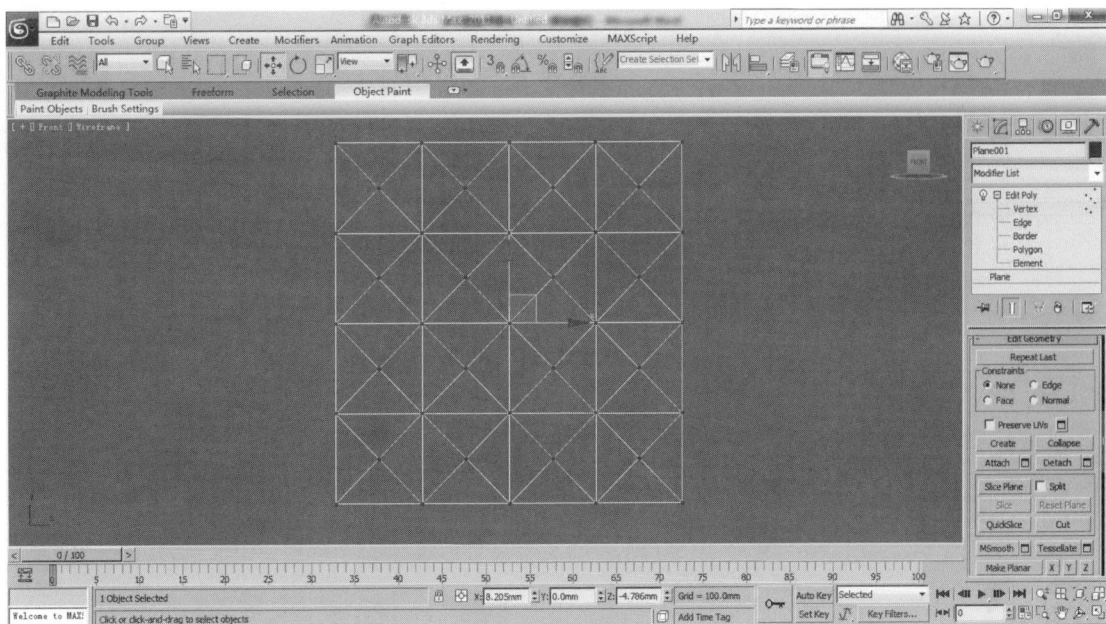

图2-48

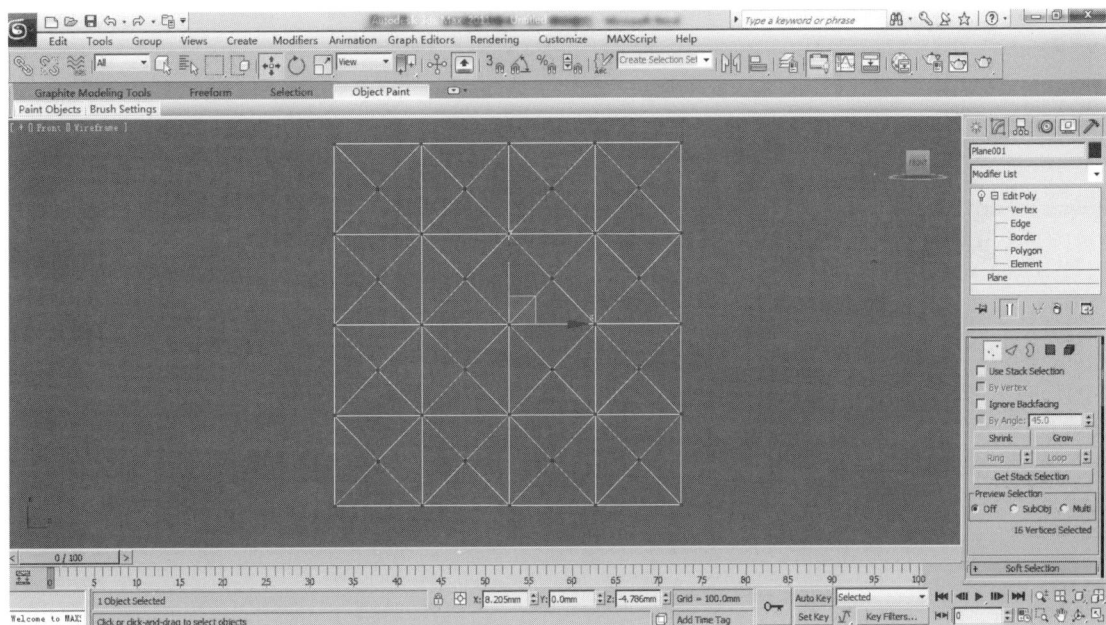

图2-49

顶点）卷展栏，点击Chamfer（斜切）后面的小方块（设置），设置Vertices Chamfer Amount（数量）为25mm，点击OK键，效果如图2-50所示。

进入Edit Poly（编辑多边形）命令，选择子命令■Polygon（面），选中模型中交叉的中心面，如图2-51所示。

点击 ┌─ Edit Polygons ─┐ Edit Polygons（编

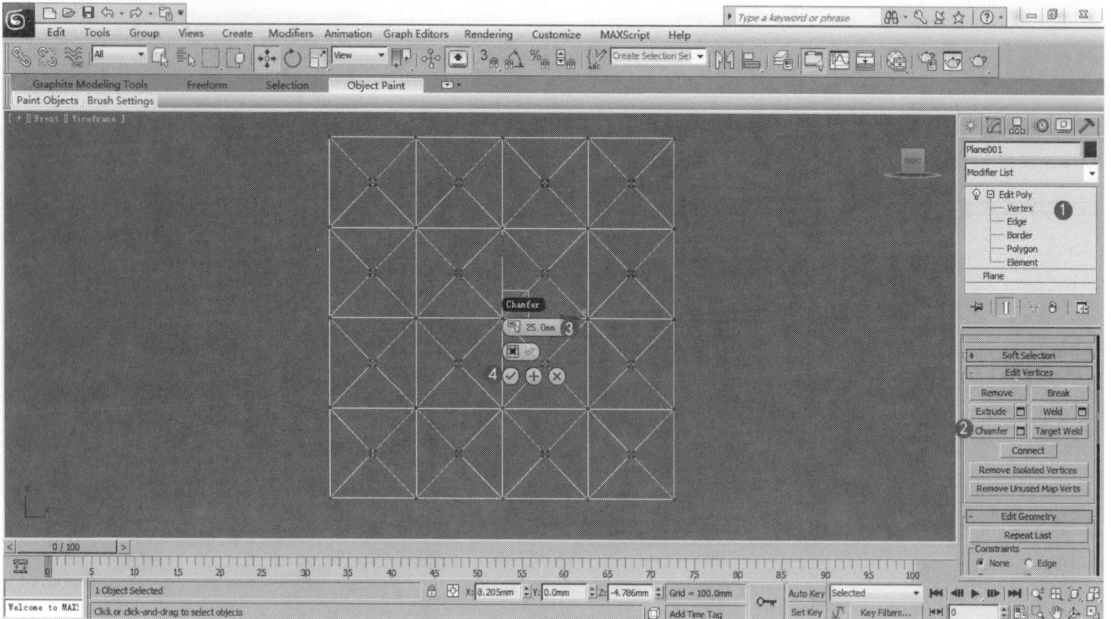

图2-50

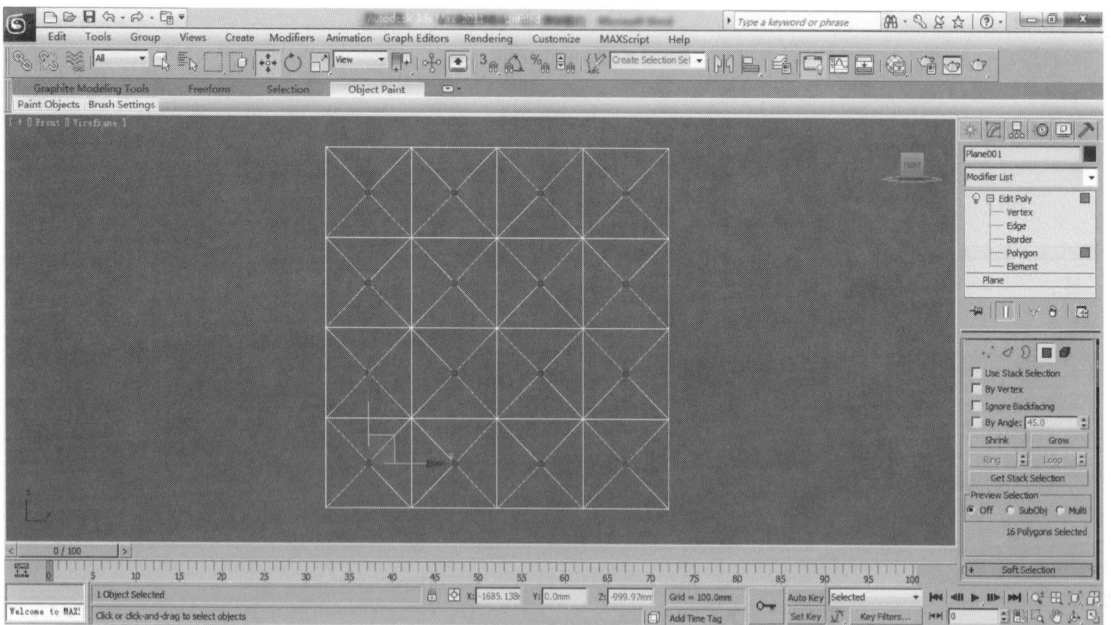

图2-51

辑面）卷展栏，点击 Extrude 🔲 Extrude（挤出）后面的小方块（设置），在弹出Extrude Polygon（挤出面）命令参数设置对话框中，选择Group Normals（组反转法线），将Height（高度）设置为-20mm，点击OK键，如图2-52所示。

结束Extrude（挤出）命令后，进入

- Edit Polygons Edit Polyons（编辑多边形）卷展栏，单击 Inset 🔲 Inset（插入）后面的小方块（设置）。在弹出的Inset（插入）命令参数设置对话框中，选择Inset（插入类型）为By Polygon（打开编辑多边形），设置Amount（数量）为5mm，点击OK键，如图2-53所示。

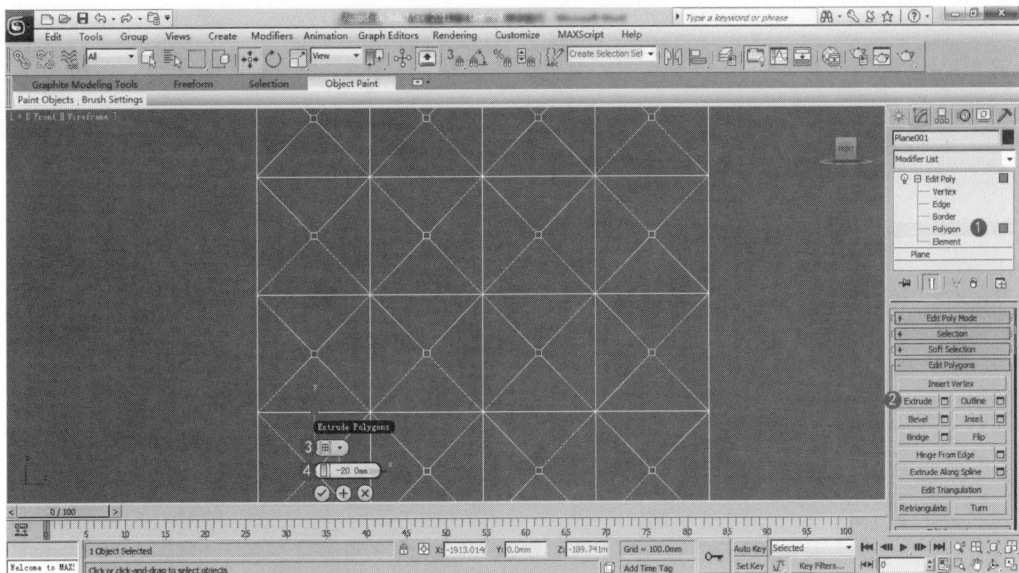

图2-52

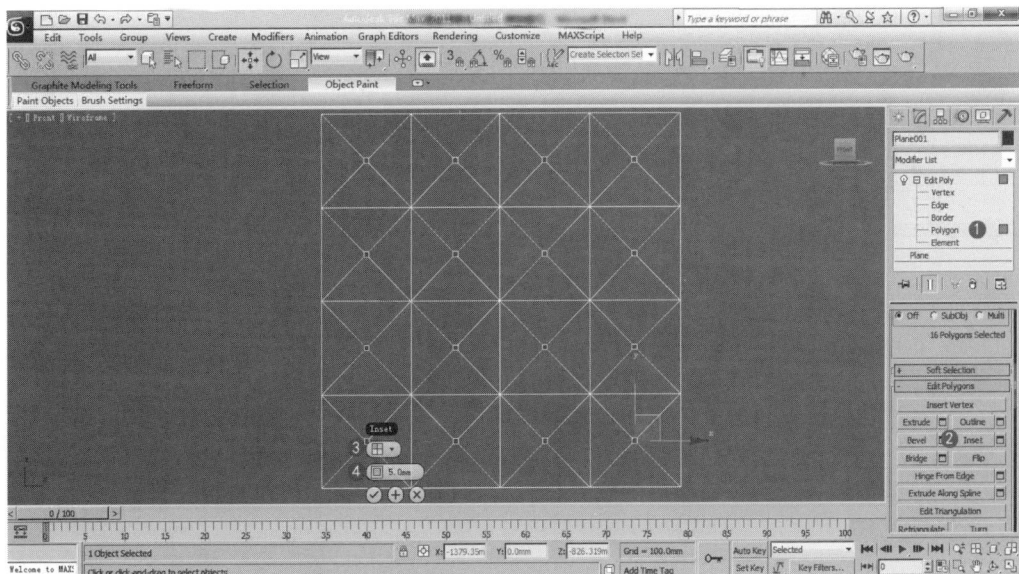

图2-53

再次单击 Extrude ▣ Extrude（挤出）后面的小方块（设置），将向上挤出Height（高度）设置为15mm，点击OK键，如图2-54所示。

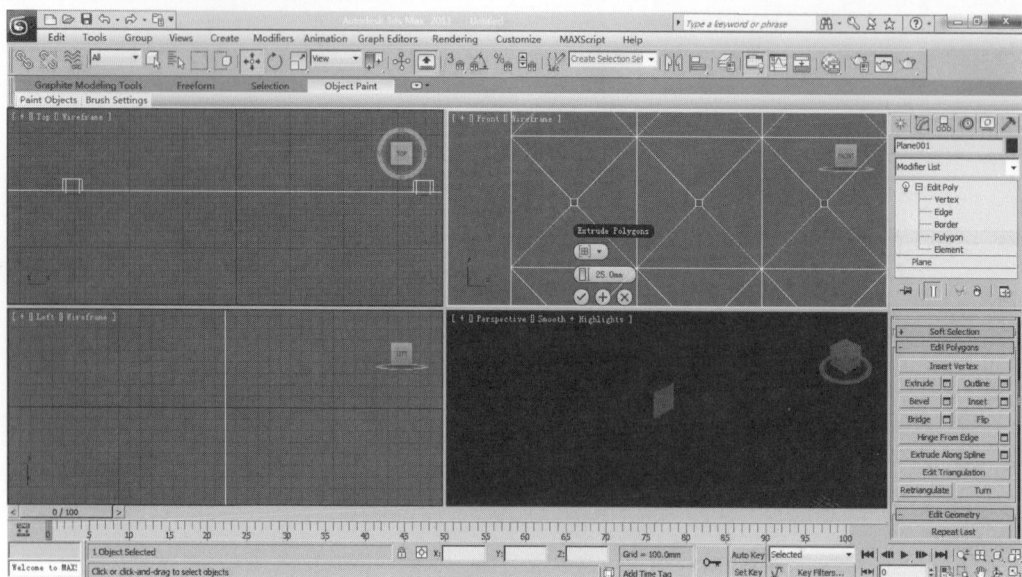

图2-54

（5）制作软包勾缝

进入Edit Poly（编辑多边形）命令，选择子命令 ◢ Edge（线段），按Ctrl键选中十字交叉的线条，如图2-55所示。

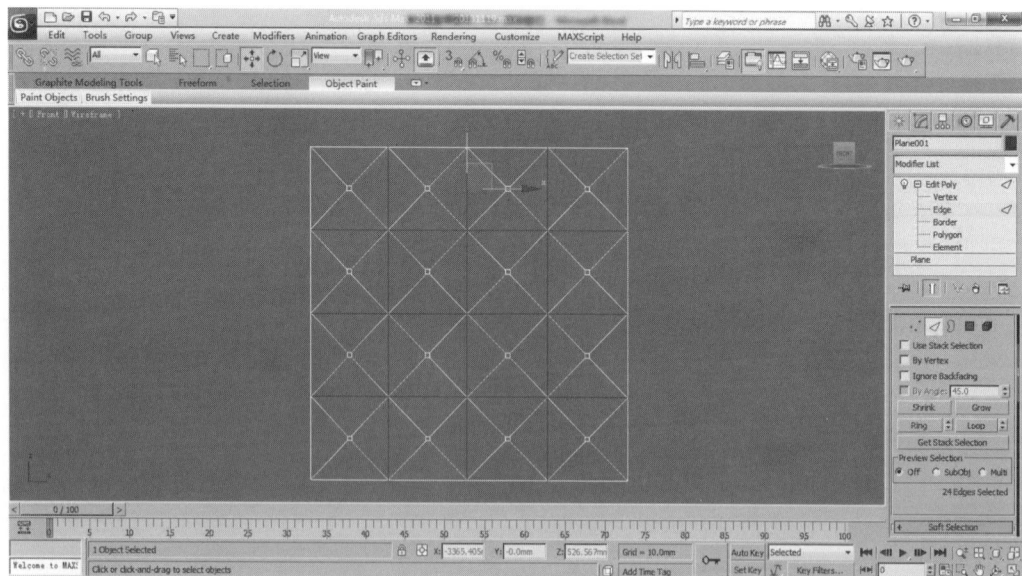

图2-55

选择Edit Edges（编辑边）展栏，单击 Extrude Extrude（挤出）后的设置， 在弹出参数设置对话框中，将Height（高度）设置为-20mm， Width（宽度）设置为10mm，点击OK键，如图2-56所示。

进入Edit Poly（编辑多边形）命令，选择子命令 Edge（线段），按住Ctrl键选中交叉的所有线条，如图2-57所示。

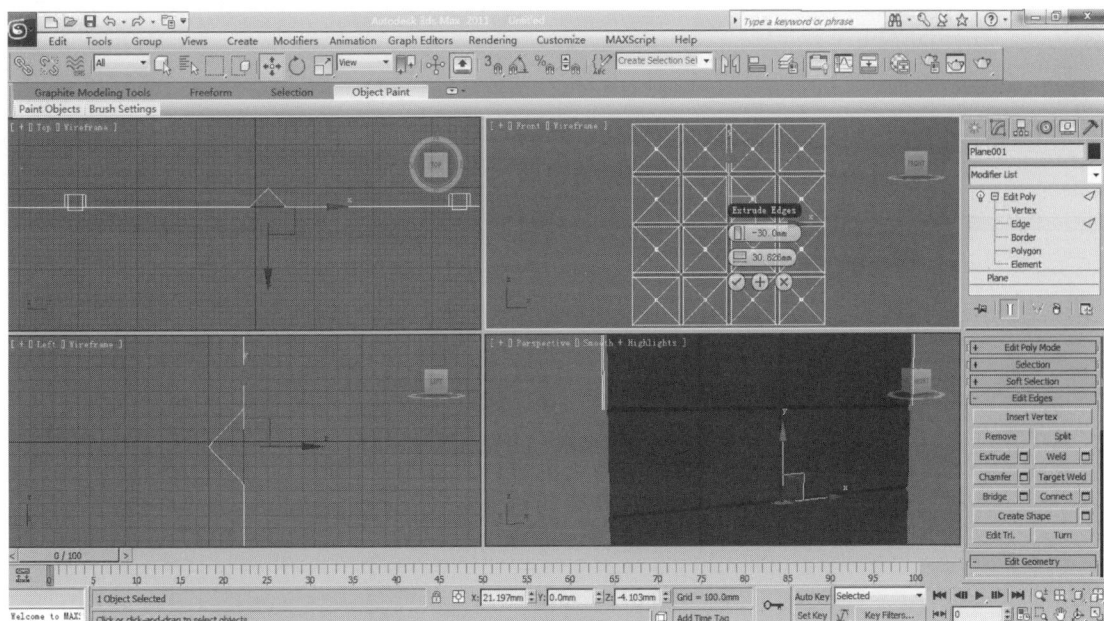

图2-56

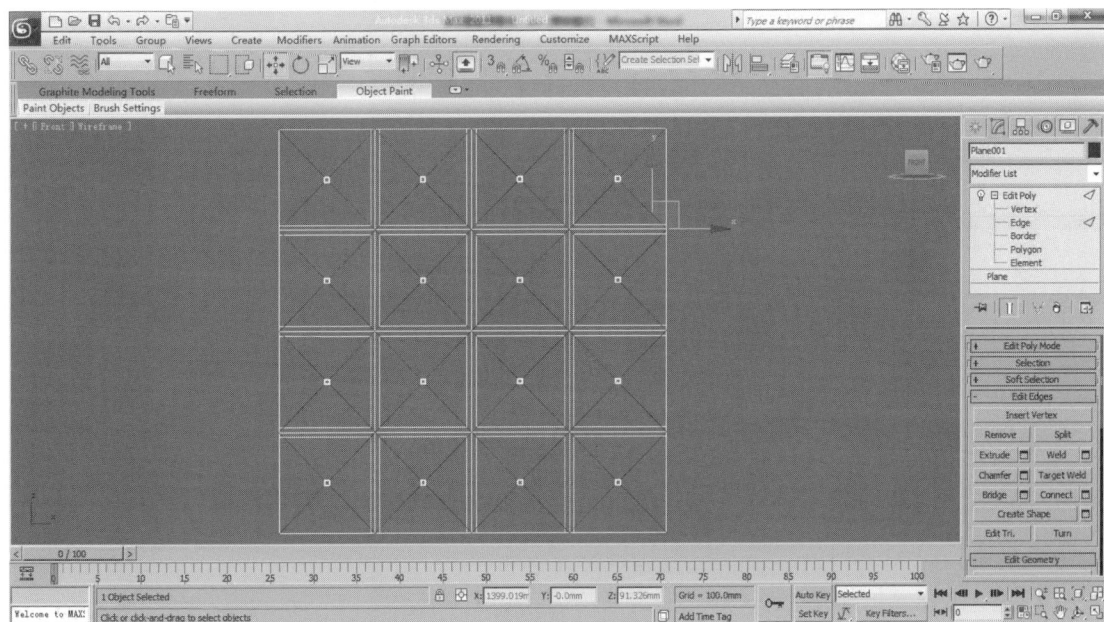

图2-57

选择Edit Edges（编辑边）卷展栏，单击 Extrude □ Extrude（挤出）后面的设置，在弹出的参数设置对话框中，将Height（高度）设置为-10mm，Width（宽度）设置为8mm，点击 OK键，如图2-58所示。

点击Modifier（修改命令）菜单下的TurboSmooth（涡轮平滑）命令，将Iterations（迭代次数）设置为2，效果如图2-59所示。

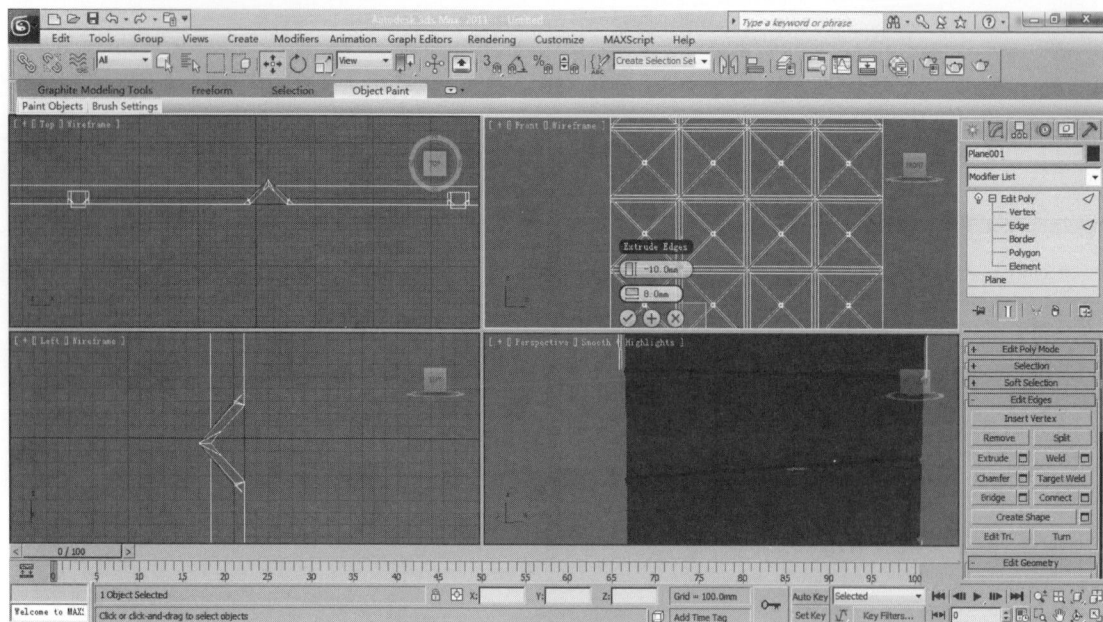

图2-58

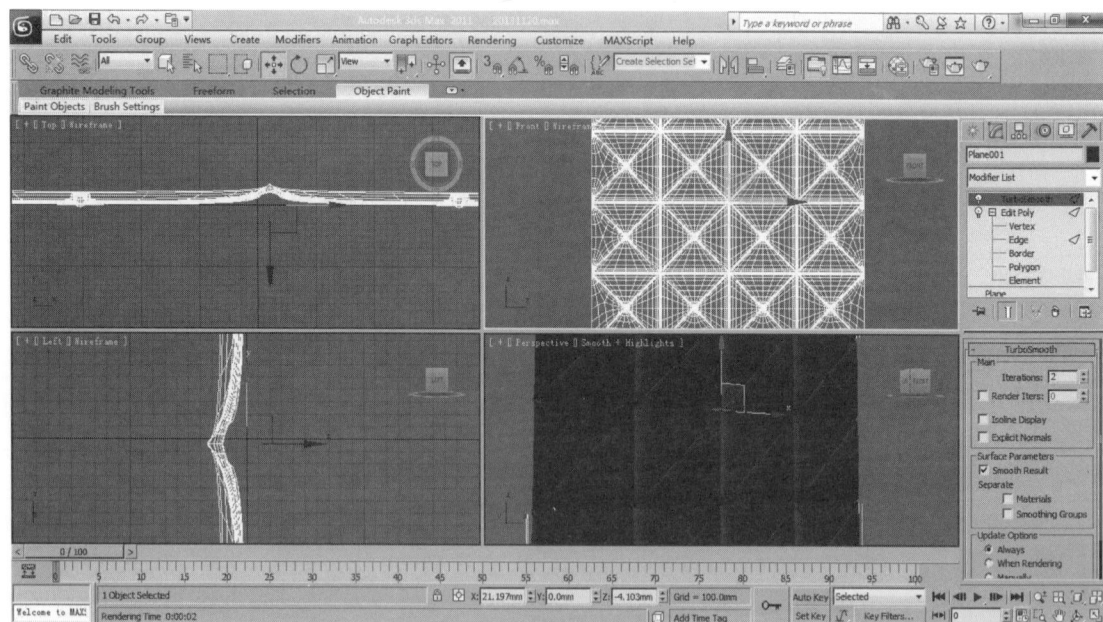

图2-59

2.4.2　软包边框模型创建

（1）绘制矩形

点击Snaps Toggle（捕捉），选择![2.5]2.5维，点击![Rectangle]Rectangle（矩形工具），在前视图中绘制如图2-60所示的图形。

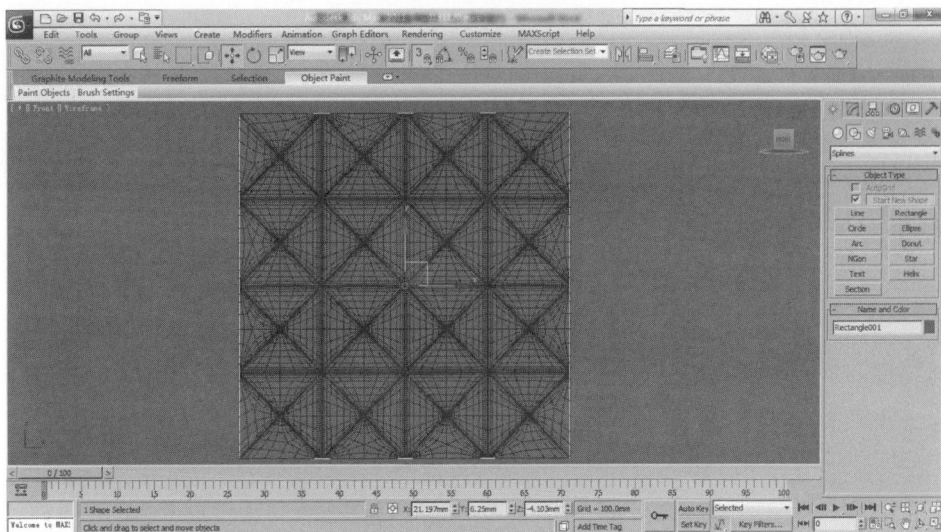

图2-60

（2）绘制剖面图形

在前视图中利用二维线工具![Line]绘制剖面图形，如图2-61所示。

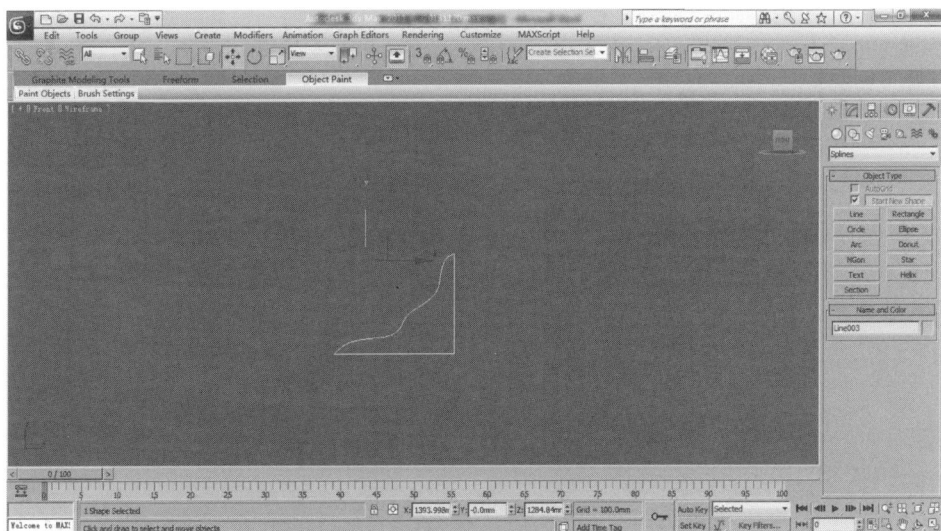

图2-61

（3）添加倒角命令

点击Modifier（修改命令）菜单下的Bevel Profile（倒角剖面）命令，选择矩形后，点击Pick Profile（拾取剖面）拾取刚绘制的剖面图形，效果如图2-62所示。

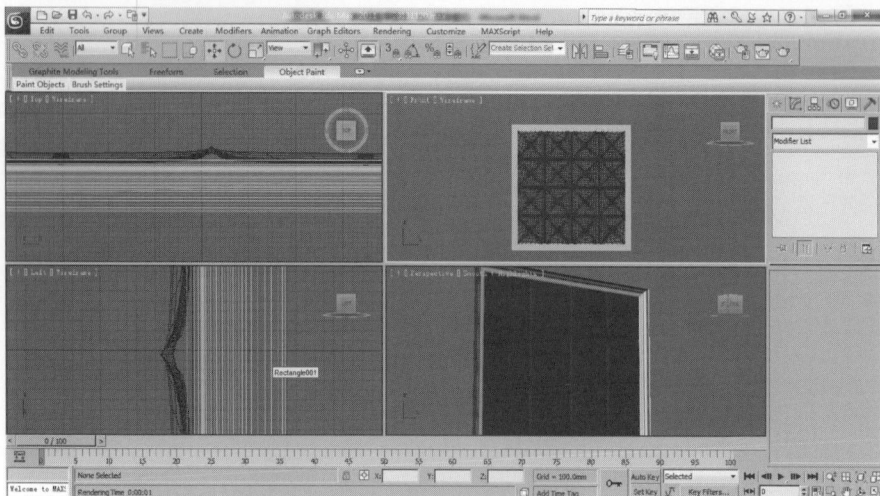

图2-62

2.4.3 渲染最终效果

（1）渲染效果

按Shift+Q键，墙面软包最终渲染效果如图2-63所示。

（2）保存文件

单击菜单栏中file（文件）/save as（另存为）命令，将文件保存为"2.4 墙面软包"。

图2-63

3ds Max 室内空间建模

3.1

客厅室内空间建模

课时安排	5课时
实训目标	本实例通过客厅室内空间建模训练，使学生掌握在AutoCAD图纸的基础上建立模型，掌握使用Edit Ploy（编辑多边形）进行墙体模型的编辑与修改的方法与技巧，掌握摄像机设置的方法，从而达到能准确、快速建模的训练目的。

3.1.1   实训任务要求

根据客厅平面图和效果图，进行客厅空间模型的创建，如图3-1所示。

图3-1

3.1.2   客厅空间建模实训步骤

（1）客厅墙体模型的创建

①整理Cad平面图：在CAD绘图软件中打开平面图，将除了过道、客厅和阳台以外的多余部分

删除，包括文字、尺寸标注、填充物及一些细节，只保留墙体，另起一个文件名并保存，如图3-2所示。

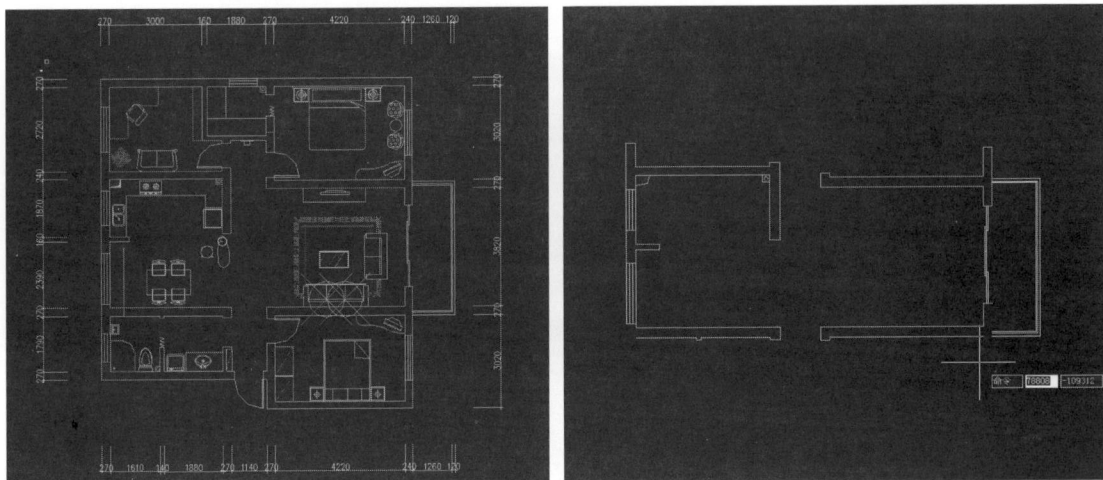

图3-2

②导入Cad平面图：选择3ds Max的⑤（文件）/Import（导入）命令，单击窗口中的文件类型选项，选择DWG格式。在文件中选择平面图.dwg，在新弹出的窗口中单击OK按钮，就完成了从平面到三维的转换过程。将该文件保存为3ds Max的文件格式，如图3-3所示。

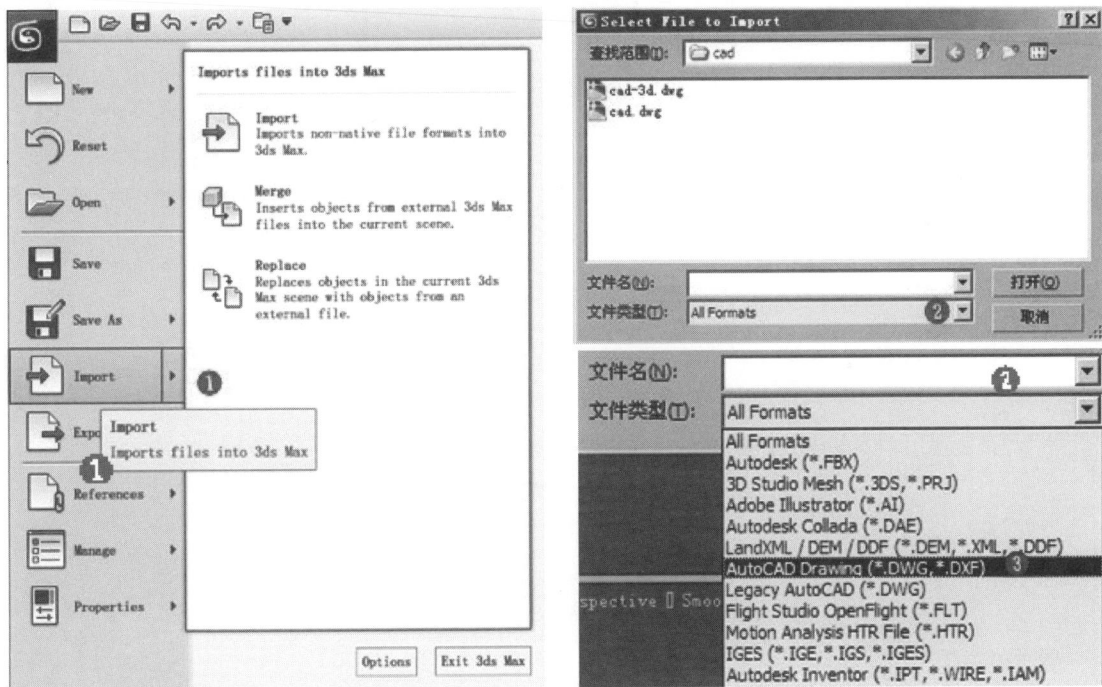

图3-3

③单位设置：执行 `Customize`（自定义）/`Units Setup.`（单位设置）命令，将 `System Unit Scale`（系统单位）和 `Display Unit Scale`（显示单位）都设置为 `Millimeters`（毫米）。

④设置捕捉方式：在 `25`（捕捉）按钮上单击右键，打开 `Grid and Snap Settings`（网络和捕捉设置）的对话框。

⑤设置组：框选所有的CAD文件，选择 `Group`（组），在弹出的对话框中给所有导入的文件编一个组，按OK按钮，如图3-4所示。

⑥绘制二维墙线：打开捕捉命令，在顶视图中，找到 （创建）面板并单击 （图形）按钮，进入图形对象类别。然后单击 `Line`（线）按钮，在顶视图中按照CAD图画线，完成后单击确定，如图3-5所示。

⑦挤出墙体高度：选择新建的图形，点击

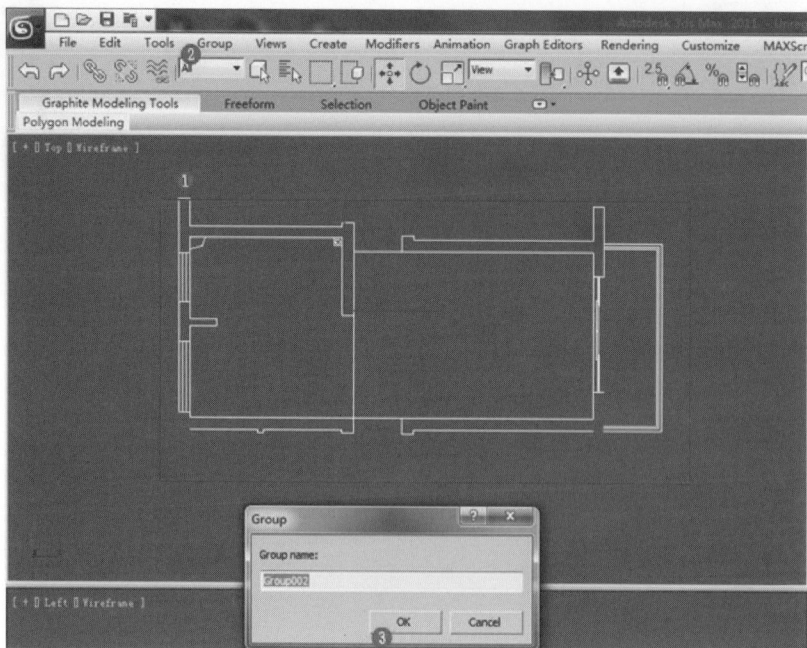

图3-4

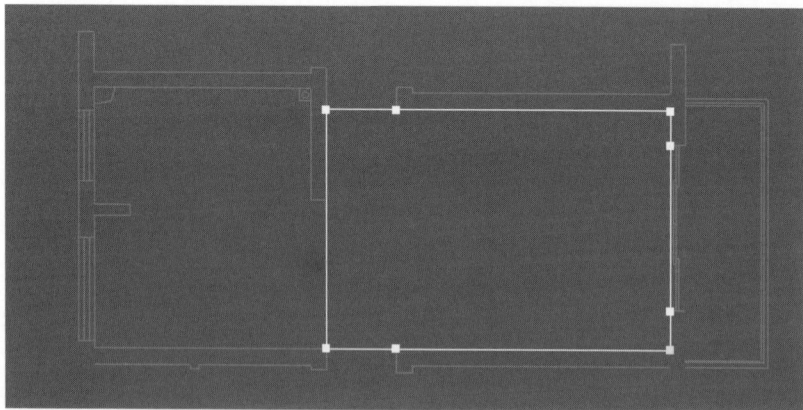

图3-5

（修改）卷展栏菜单下的 Extrude（挤出）命令，挤出 2700mm，如图3-6所示。

⑧反转法线：选择长方体，点击（修改）卷展栏菜单下的 Edit Ploy（编辑多边形）命令。将长方体转换为可编辑多边形。进入多边形层级，单击 Flip （翻转），将对象的法线方向朝内，此时长方体的显示状态如图3-7所示。

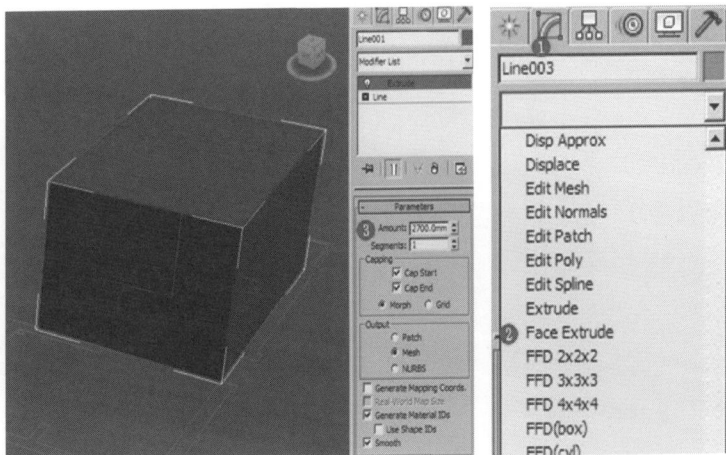

图3-6

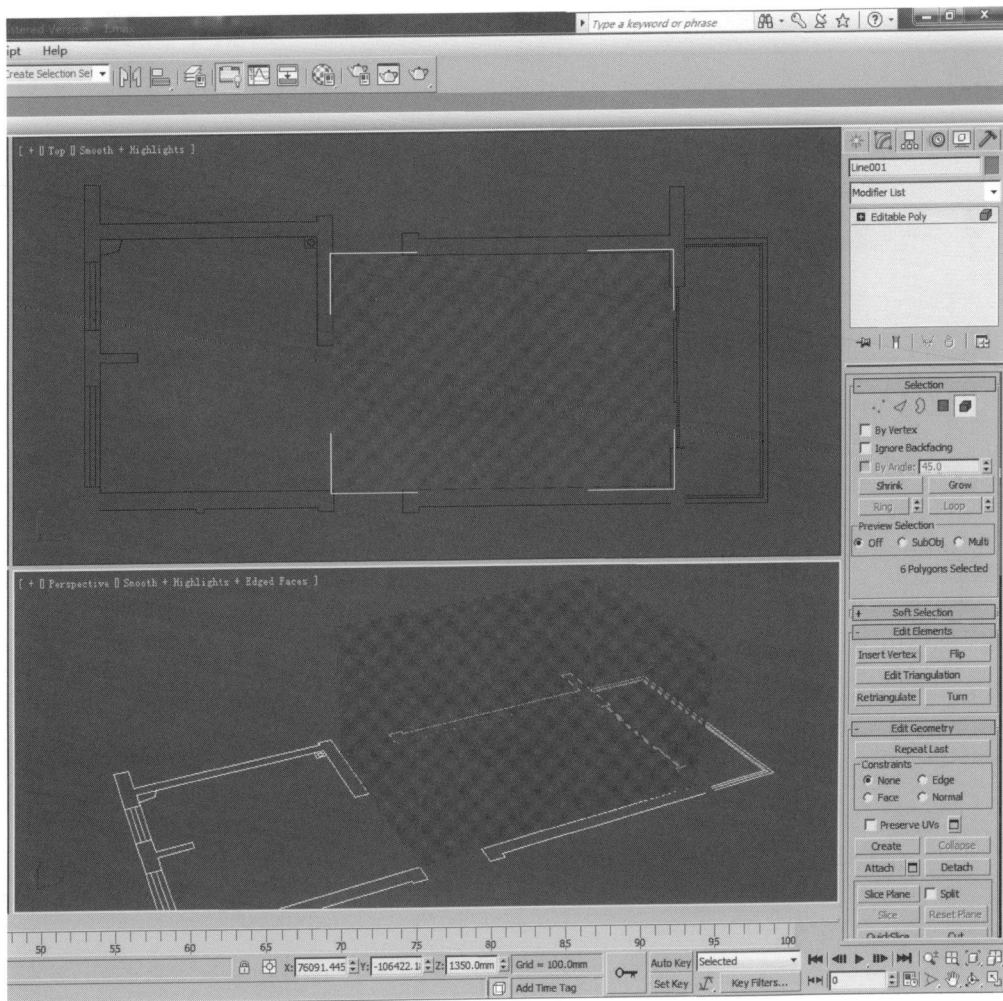

图3-7

（2）客厅推拉门模型的创建

①墙体背面消隐：保持对长方体的选择状态，点击右键并在弹出的菜单中选择 Object Properties （对象属性）命令，打开对象属性对话框；在 Display Properties （显示属性）组中勾选 ☑ Backface Cull （背面隐藏）选项，使内部场景为可见状态，如图3-8所示。

②分离推拉门原始模型：在透视图中选中单面墙体，点击 ✐（修改）下 Modifier List （修改器列表）中的 Edit Poly （编辑多边形）命令，点击 ◁（边），同时选取墙体左右两条线。按 Connect □（连接）旁边的设置，在弹出的窗口中把数量改为1，按 ☑ 得一条横线，调节横线高度为2300mm，确定门的高度。点击 ■（面），然后按 Extrude □（挤出）旁边的设置，设置挤出数量为-300mm，做出门洞。点击 Detach （分离），把推拉门的原始模型分离出来，如图3-9所示。

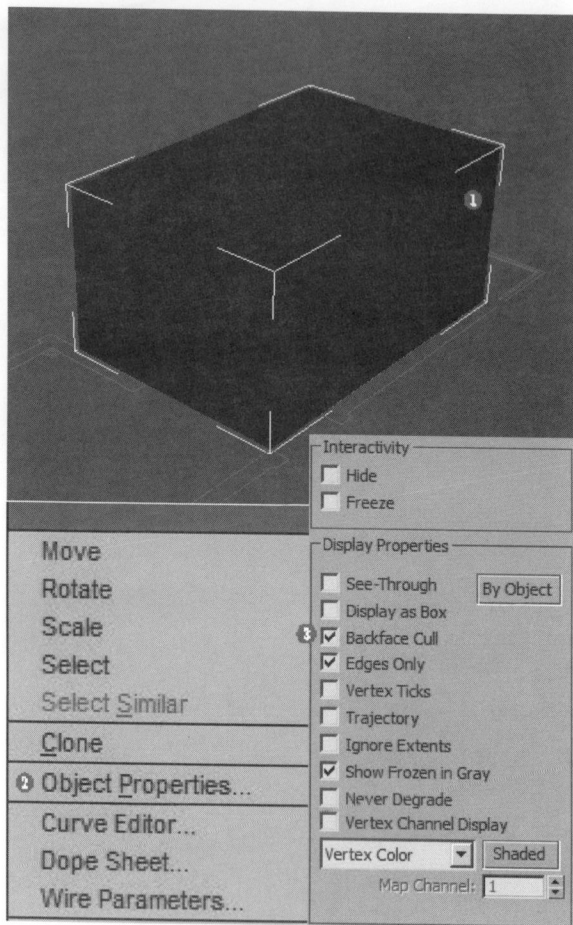

图3-8

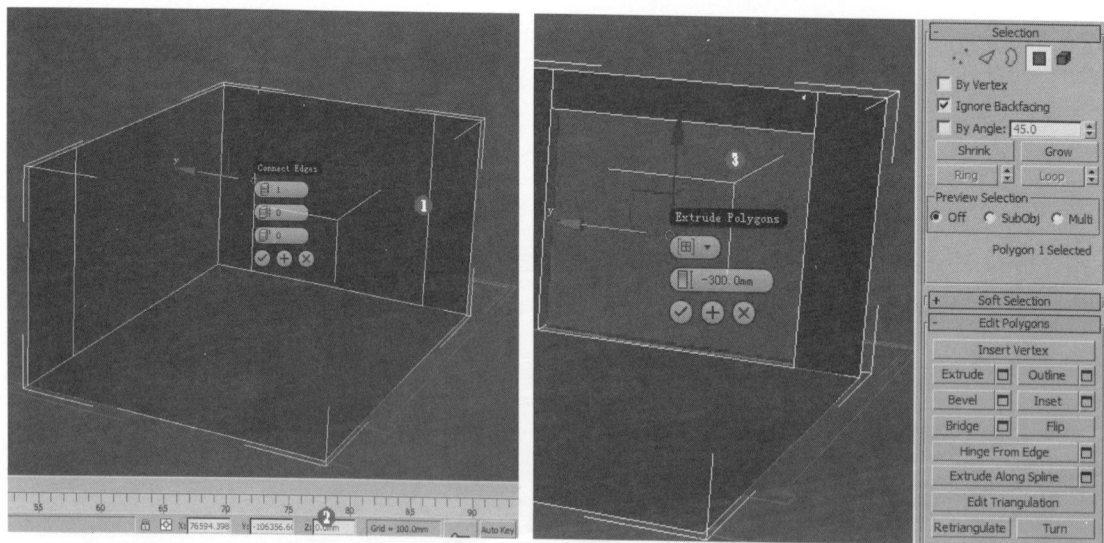

图3-9

③挤出门边框的厚度：按Alt+Q快捷键，孤立选择推拉门的平面，点击■（面），单击 Inset □（插入）旁边的设置，插入一个面，设置插入数量为80mm，按✔得到门边框的宽度。用同样的方法，点击■（面），设置挤出数量-80mm，按✔得到门边框的厚度，如图3-10所示。

④创建推拉门门框线：点击 Detach（分离），把推拉门原始模型从大门框分离出来，点击◁（边），同时选取推拉门边上下两条线，按 Connect □（连接）旁边的设置，在弹出的窗口中把数量改为3，按✔得三条门框线，如图3-11所示。

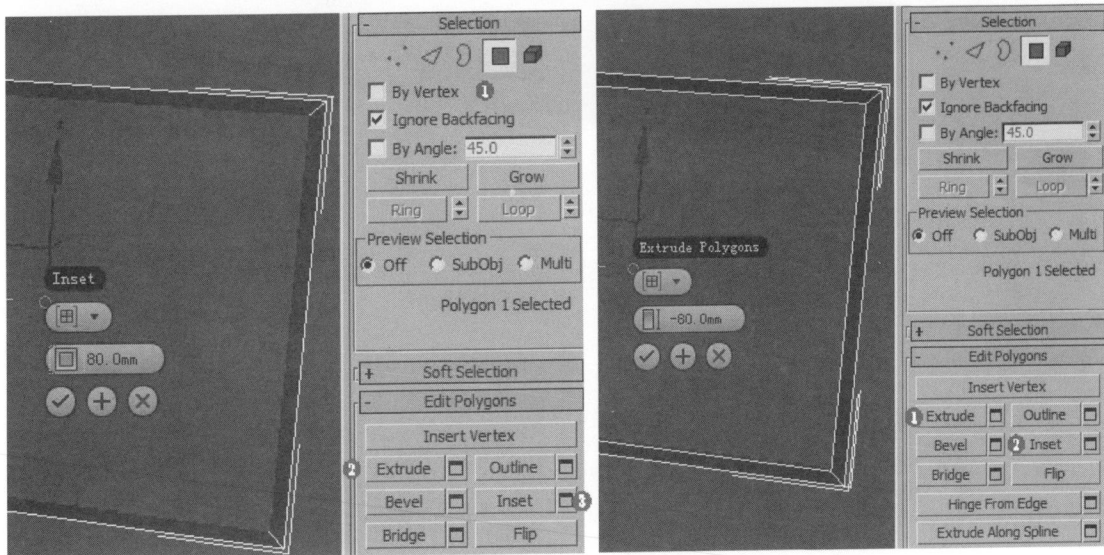

图3-10

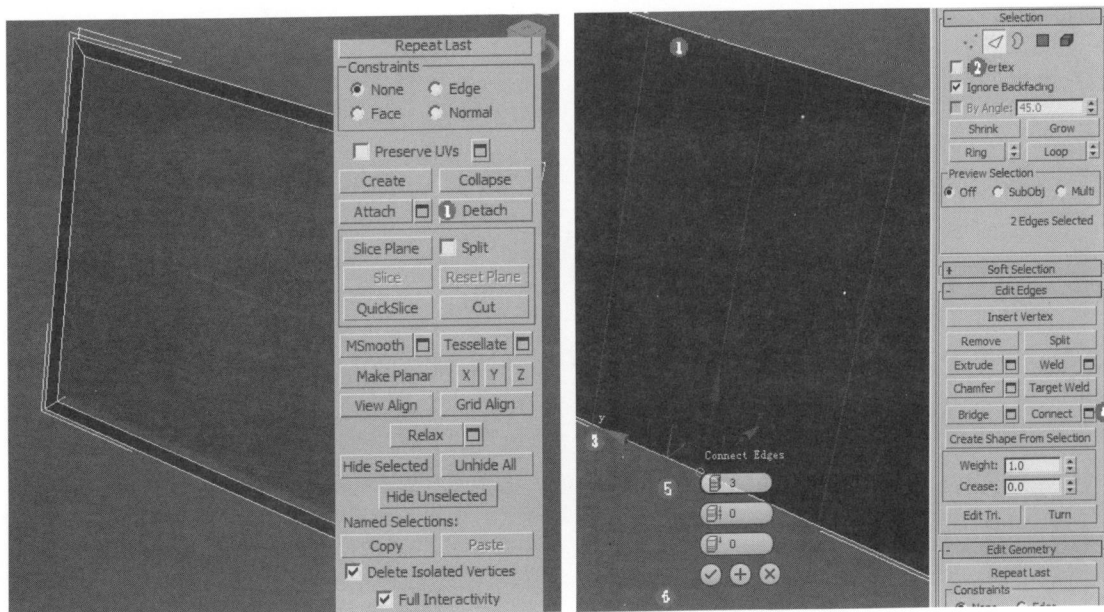

图3-11

⑤编辑门框的厚度：为了给每个门都加一个门框，点击■（面），选取推拉门的四个平面，单击 Inset □（插入）旁边的设置，在弹出的对话框中的 Group（组）下拉列表框中选择 ⊞ By Polygon（按多边形），设置插入数量为40mm，按 ✓ 得到门边框的宽度。用同样的方法，选取推拉门的四个平面，点击■（面），设置挤出数量-40mm，按 ✓ 得到门边框的厚度，如图3-12所示。

⑥删除多余的面：按键盘上的DEL键把选中的四个面删除，最后在墙体上确定推拉门的位置与大小，如图3-13所示。

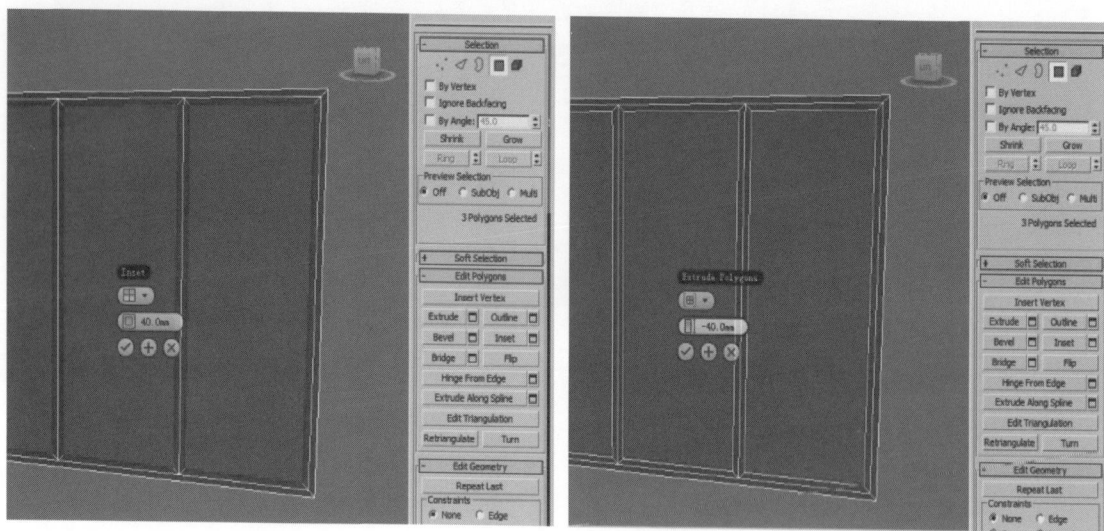

图3-12

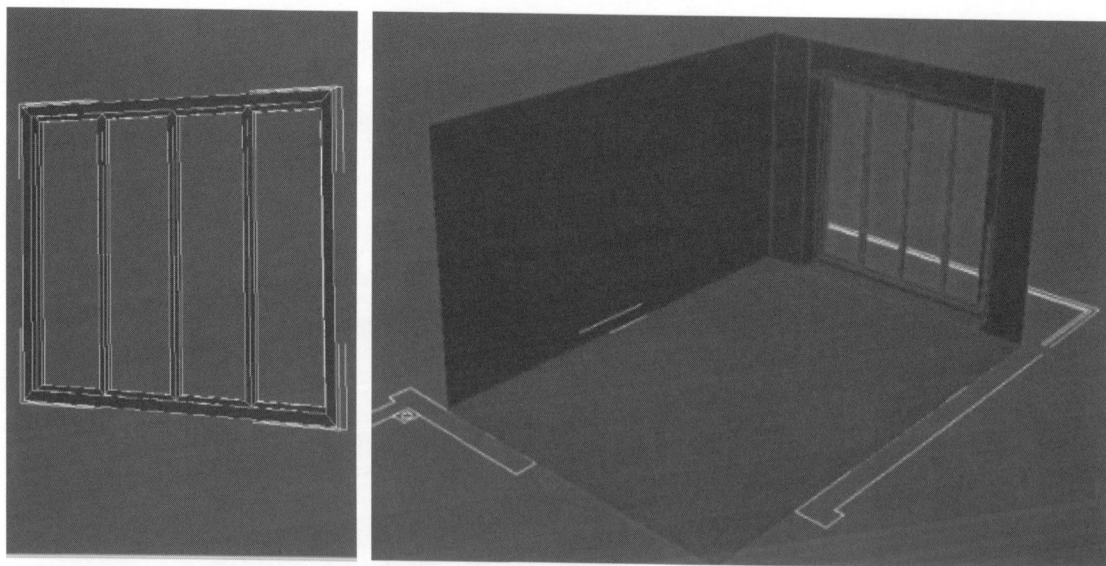

图3-13

（3）客厅吊顶模型的创建

①挤出吊顶：打开 ²⁵ₓ 捕捉命令，在顶视图中按Alt+Q快捷键将视图最大化。在顶视图中，点击 🖫（图形）面板下的 Line （线）按钮，按照图中红色所示的CAD图画线，点击 ⋀（线），点击 Outline （轮廓），设置数量为400mm，点击 🖉（修改）卷展栏菜单下的 Extrude （挤出）命令，挤出80mm，再调节吊顶高度为2400mm，如图3-14所示。

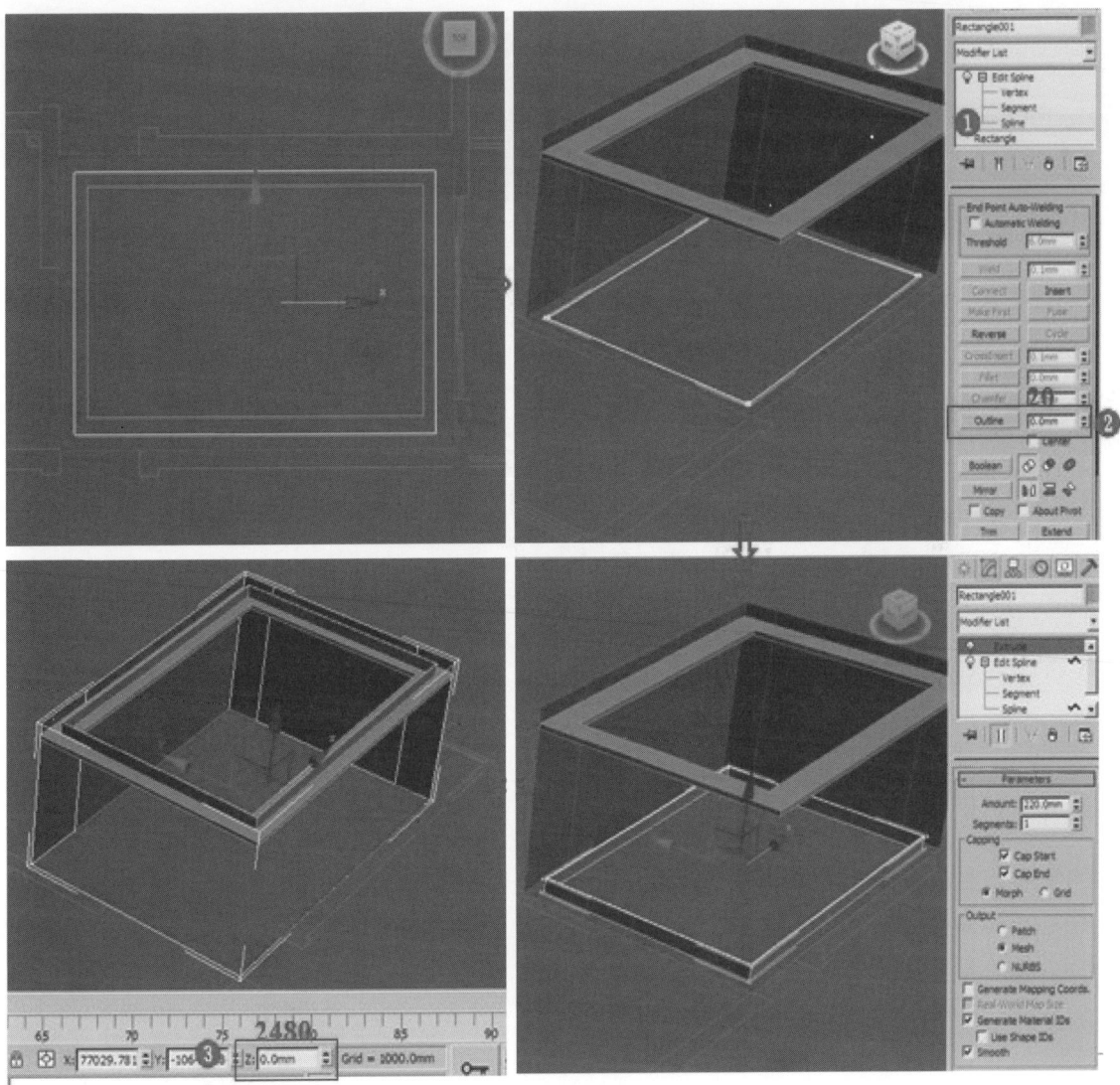

图3-14

②制作吊顶灯槽挡板：点击 Outline （轮廓），设置数量为20mm，点击 🖉（修改）卷展栏菜单下的 Extrude （挤出）命令，挤出220mm，再调节吊顶高度为2480mm，得到客厅的吊顶挡板，如图3-15所示。

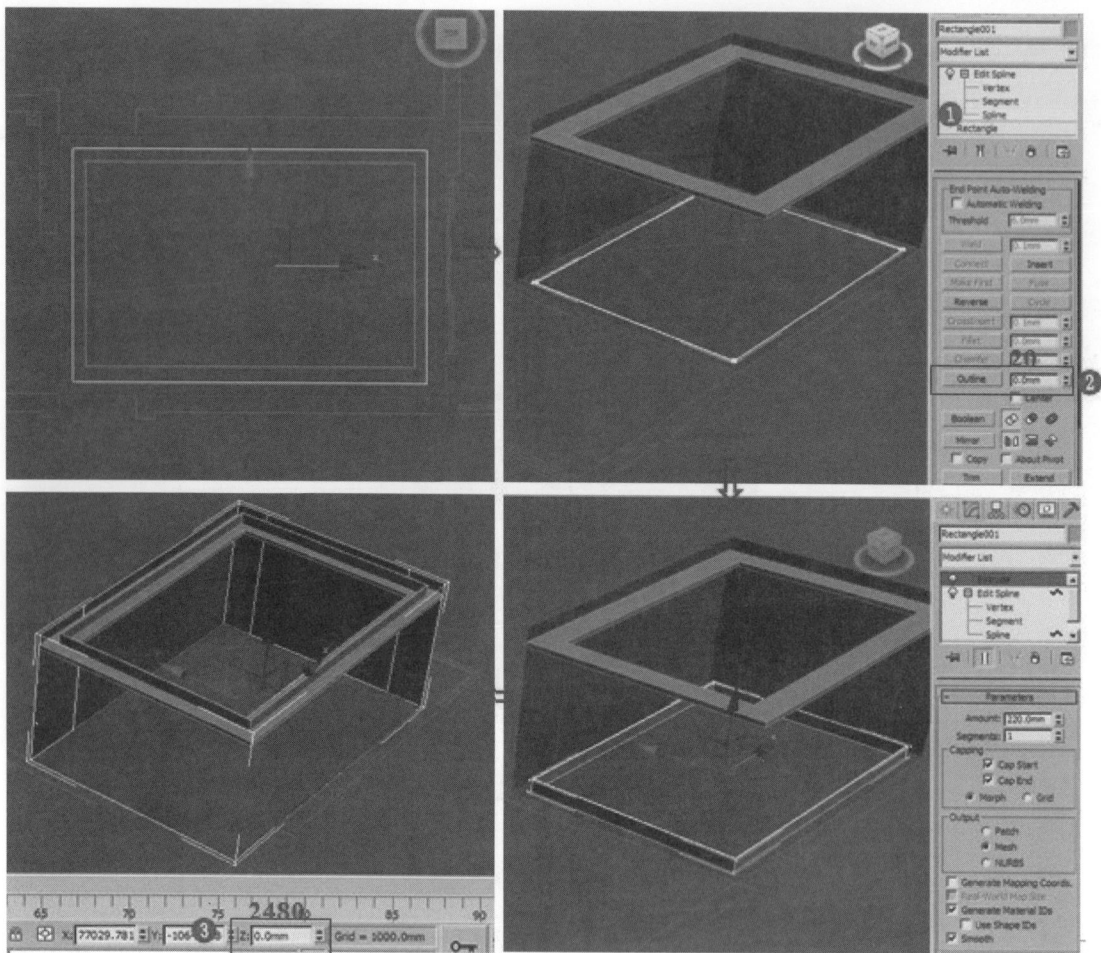

图3-15

（4）客厅电视背景墙模型的创建

①确定电视背景墙的位置：在透视图选中单面墙体，点击█（修改命令）卷展栏菜单下的 Modifier List （编辑多边形）命令，点击█（边），同时选取电视背景墙左右两条线，按 Detach （连接）旁边的设置。在弹出的窗口中把数量改为1，按█得一条横线，再调节横线高度为2400mm，确定电视背景墙的高度，如图3-16所示。

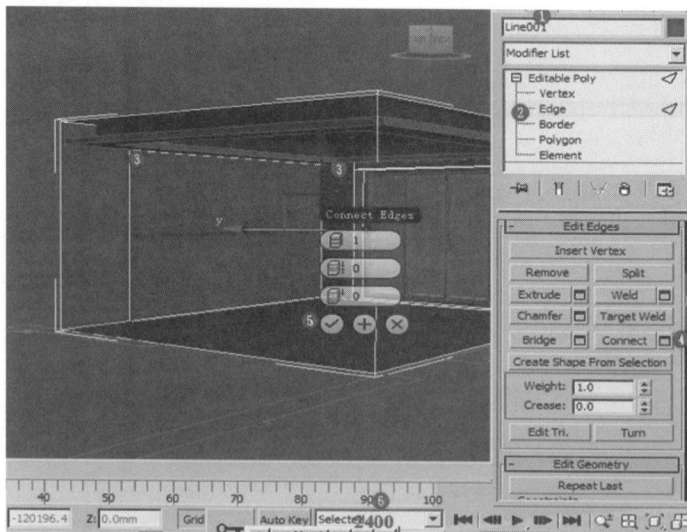

图3-16

②分离电视背景墙模型：在透视图选中电视背景墙，点击■（面），点击 [Outline]（分离），把电视背景墙的原始模型分离出来，如图3-17所示。

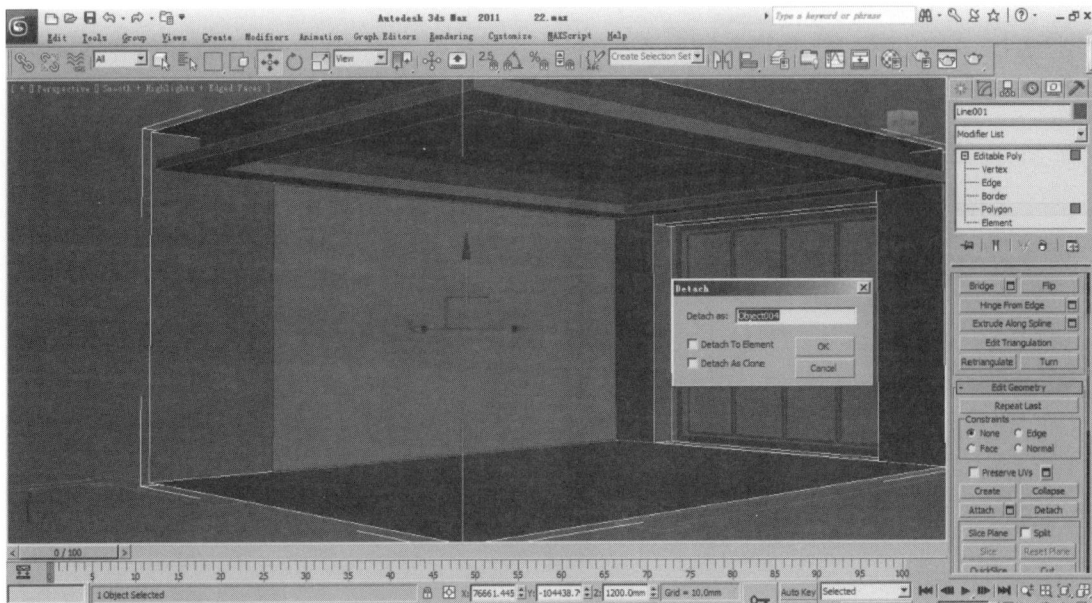

图3-17

③挤出背景墙厚度：按Alt+Q快捷键，孤立选择电视背景墙的平面，点击◁（边），同时选取电视背景墙的上下两条线，按 [Connect] ■（连接）旁边的设置，在弹出的窗口中把 [Segments]（数量）改为2， [Pinch]（收缩）改为45，按◎得两条横线。分割好电视背景墙的位置，点击■（面），选中间的面，按 [Extrude]（挤出）旁边的设置，设置挤出数量为50mm，如图3-18所示。

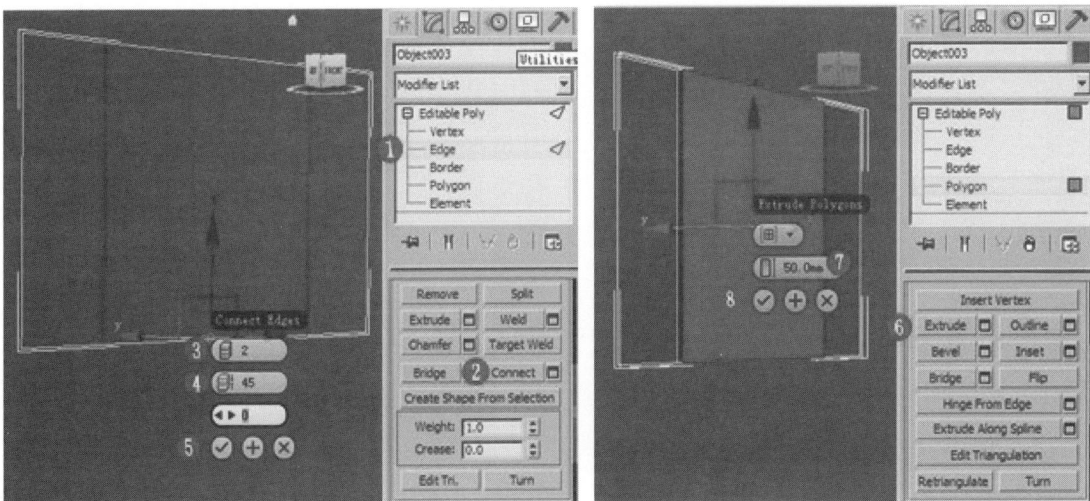

图3-18

④制作不锈钢压条：单击 Inset □（插入）旁边的设置，设置插入数量为20mm，按 ⊘ 得到黑不锈钢压条的宽度。用同样的方法，点击 ■（面），设置挤出数量-20mm，按 ⊘ 得到黑不锈钢压条的厚度。最后点击 ■（面），点击 Detach（分离），把硬包造型的面从黑不锈钢压条中分离出来，如图3-19所示。

⑤制作硬包倒角：点击 Detach（分离），把硬包原始模型从电视背景墙分离出来。选取硬包造型的面，点击 ◁（边），同时选取硬包造型面

的上下两条线，按 Connect □（连接）旁边的设置，在弹出的窗口把数量改为2，按 ⊘ 得两条竖线。为了给每个硬包造型的边都加上倒角效果，点击 ■（面），选取硬包造型面的三个面，点击 Bevel（倒角）旁边的设置，在弹出的对话框的 Bevel（倒角）下拉列表中选择 ⊞ By Polygon（按多边形），设置高度数量为20mm，偏移数量为-20mm，按 ⊘ 得到硬包倒角效果，如图3-20所示。

⑥制作倒角灰镜：选择两侧灰镜的面，点

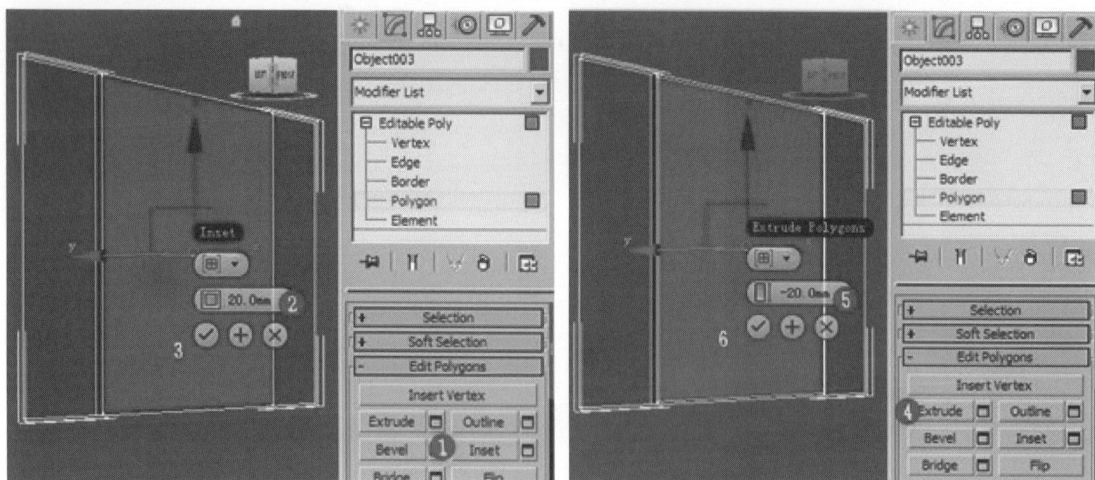

图3-19

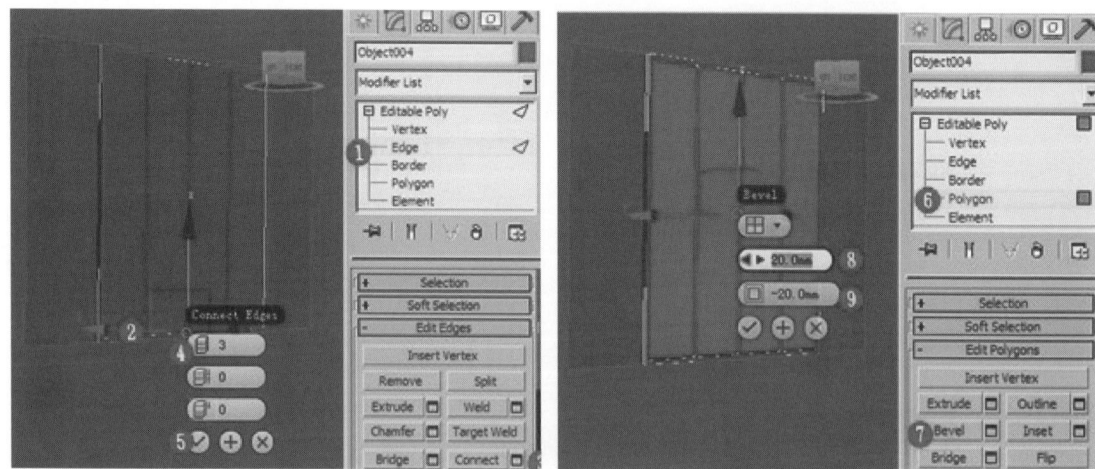

图3-20

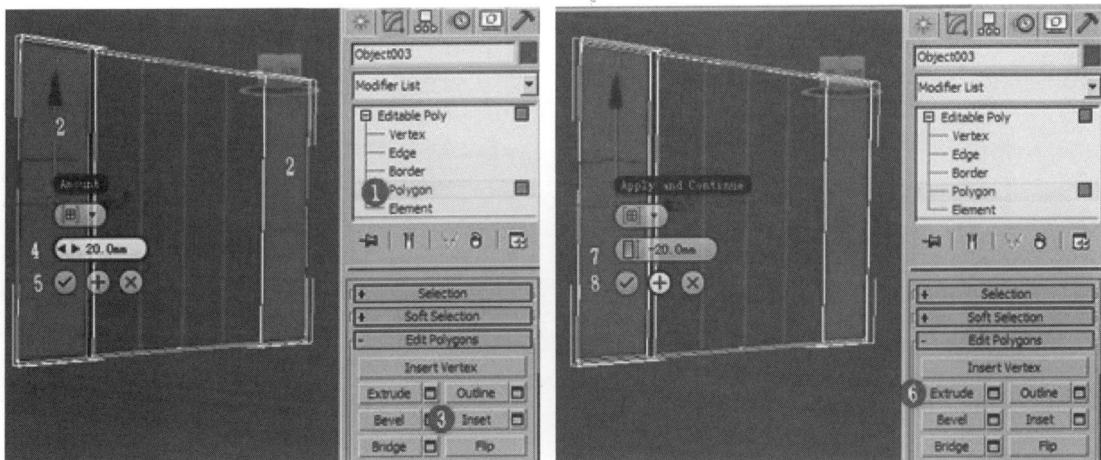

图3-21

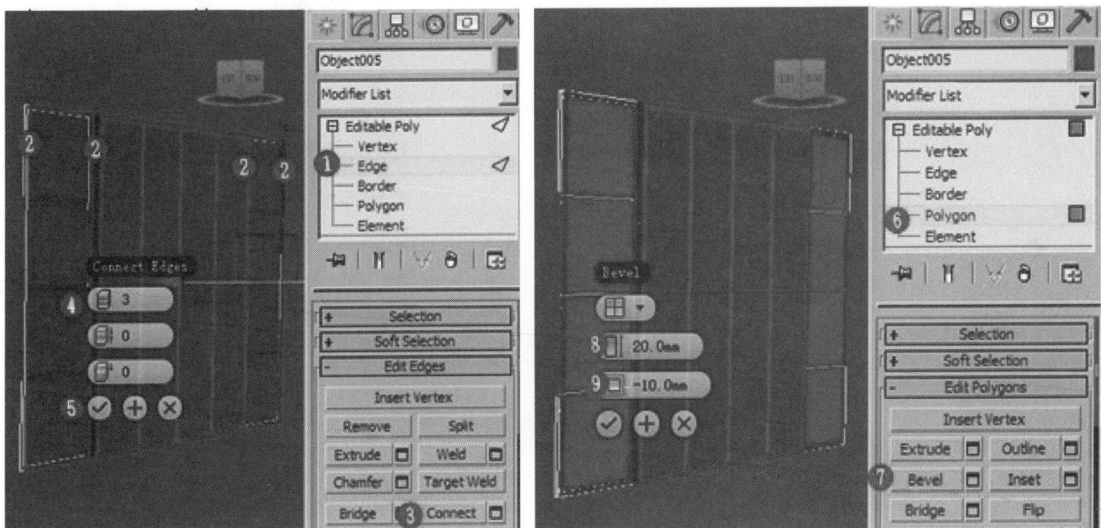

图3-22

击■（面），选边框中的两个面，单击 Inset □（插入）旁边的设置，设置插入数量为20mm，按☑得到边框的宽度。用同样的方法，选择边框的两个面，点击■（面），按 Extrude（挤出）旁边的设置，设置挤出数量-20mm，按☑得到边框的厚度，如图3-21所示。

⑦倒角灰镜细分：点击 Detach（分离），把灰镜的面从黑不锈钢压条中分离出来。点击◁（边），同时选取灰镜的左右两条线，按

Connect □（连接）旁边的设置，在弹出的窗口中把数量改为3，按☑得三条竖线。为了给灰镜都加上倒角效果，点击■（面），选取灰镜的八个面，点击 Bevel（倒角）旁边的设置，在弹出的对话框的 Bevel（倒角）下拉列表框中选择田 By Polygon（按多边形），设置高度数量为20mm，偏移数量为-10mm，按☑得到倒角效果，如图3-22所示。

⑧分离地板和天花：取消孤立选择，在透视

图中选中地板，点击 ■（面），点击 Detach（分离），分别把地板和天花板分离出来，如图3-23所示。

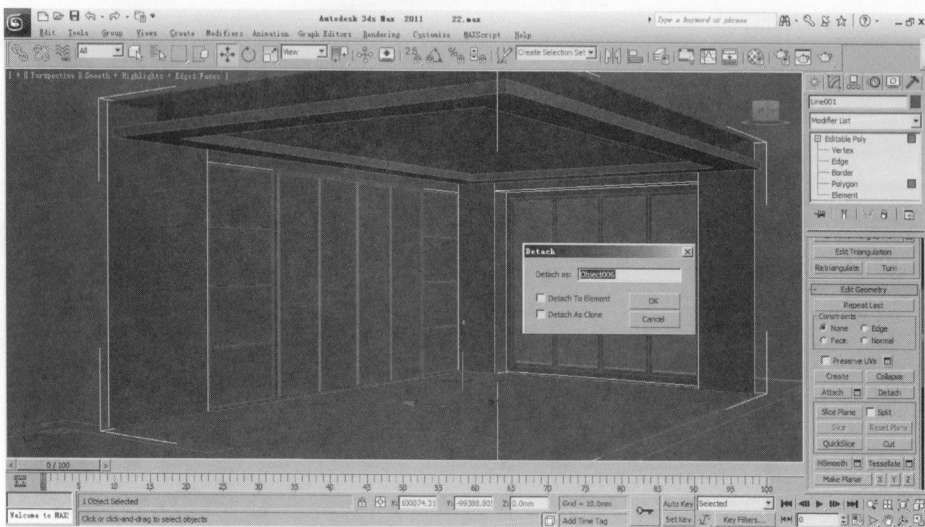

图3-23

3.1.3   创建摄像机

（1）创建摄像机

前面的工作完成以后，接下来是创建摄像机。单击 ■（摄像机），选择 Target （目标）按钮，根据效果图的构图角度，在顶视图中创建摄像机。设置 Lens:（镜头）为24mm，如图3-24所示。

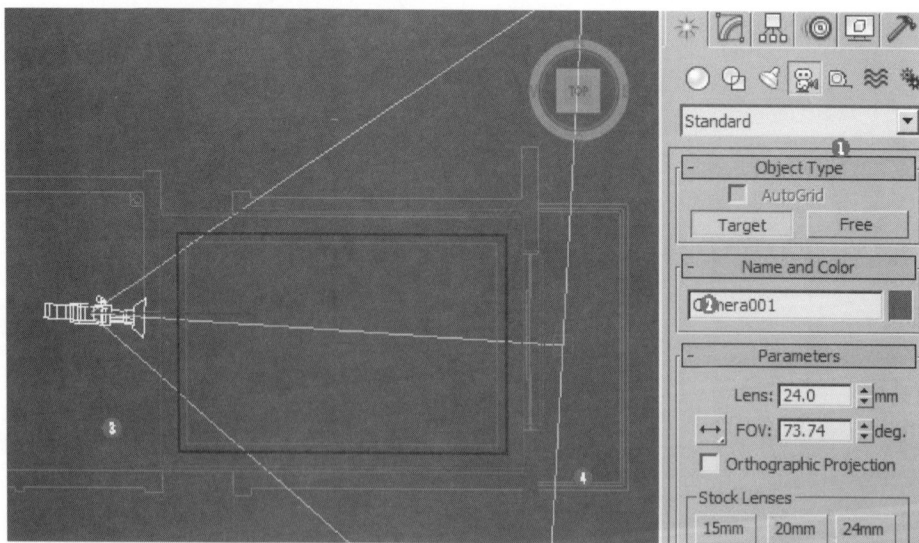

图3-24

（2）设置摄像机的高度

进入前视图，选择摄像机，将摄像机按Y轴方向移动900mm，如图3-25所示：

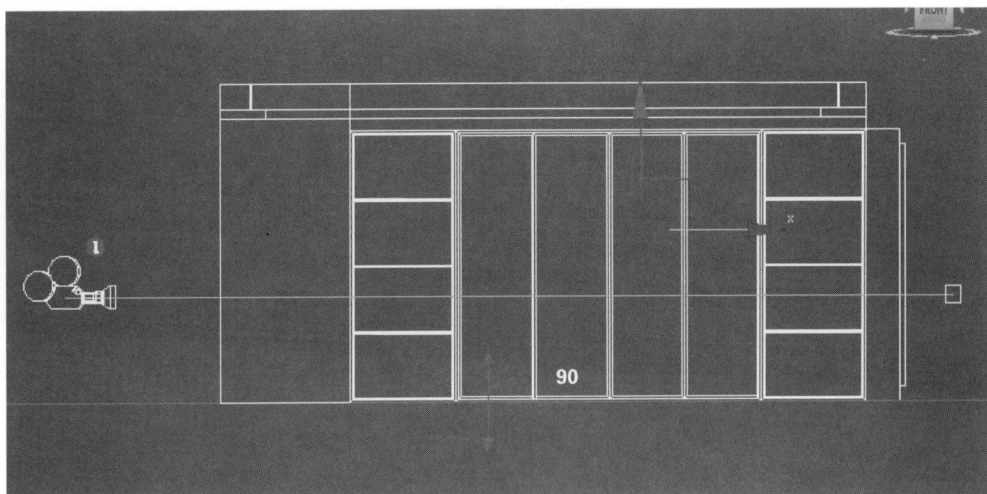

图3-25

（3）设置剪切摄像机

从上图看到，摄像机打在了房子外了，这样附上VR材质后将看不到室内场景。这里先介绍一种解决方案：进入前视图，选择摄像机，勾选 （修改）面板中的 Clipping Planes （手动剪切），使 Near Clip: （近距剪切）进到室内， Far Range: （远距剪切）伸至室外，如图3-26所示。

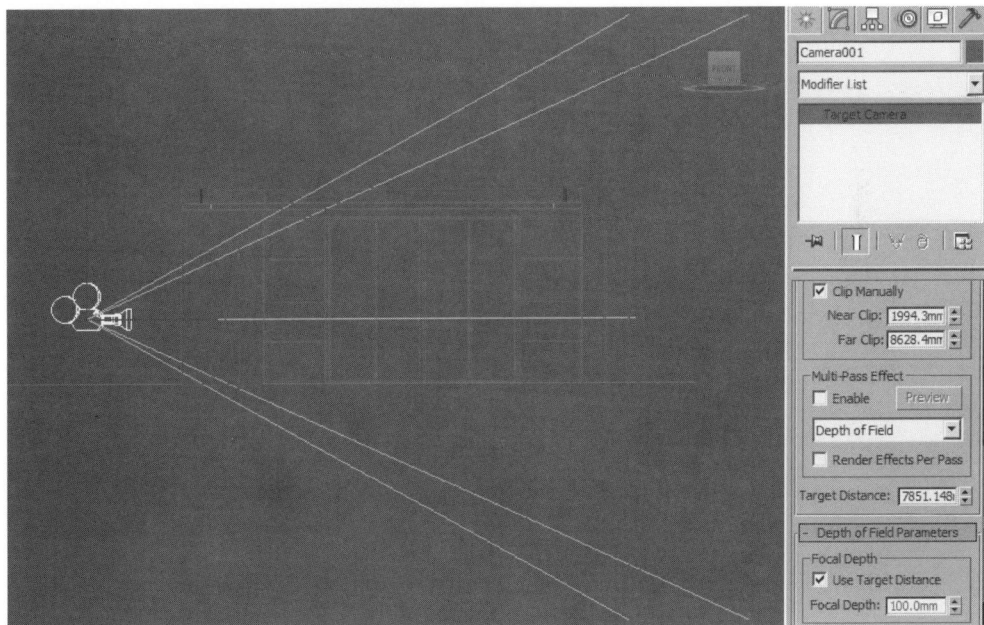

图3-26

（4）切换至摄像机视图

按C键转成摄像机视图，按Shift+F键打开显示安全框，对比最终效果图将摄像机创建出来，如图3-27所示。

（5）保存文件

单击菜单栏中file（文件）/save as（另存为）命令，将文件保存为"3.1客厅室内空间模型"。

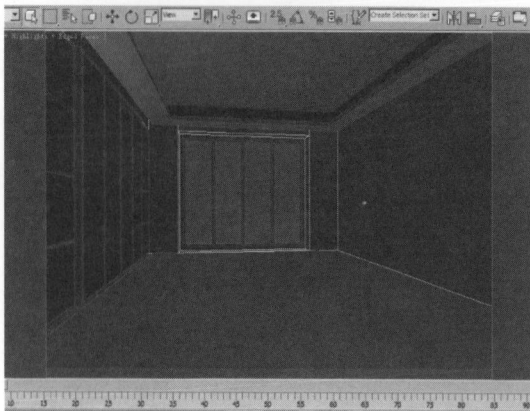

图3-27

3.2

餐厅包厢室内空间建模

课时安排	10课时
实训目标	本案例讲解的是餐厅空间的表现方法，重点须掌握二维线条下Edit Spline（编辑样条线）、物体格栅、结合Photoshop制作复杂图形等建模工具的应用。

3.2.1　实训任务要求

根据餐厅包厢平面图和效果图，进行餐厅包厢空间模型的创建，如图3-28所示。

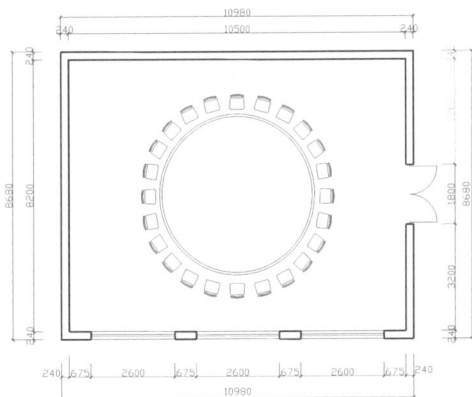

餐厅包厢平面图

图3-28

3.2.2　餐厅包厢空间建模实训步骤

（1）餐厅包厢模型的制作

① 绘制矩形：将单位设置为Millimeters（毫米），设置端点捕捉。在顶视图中用Rectangle（矩形）命令创建一个Length（长度）为10500mm，Width（宽度）为8200mm的矩形，如图3-29所示。

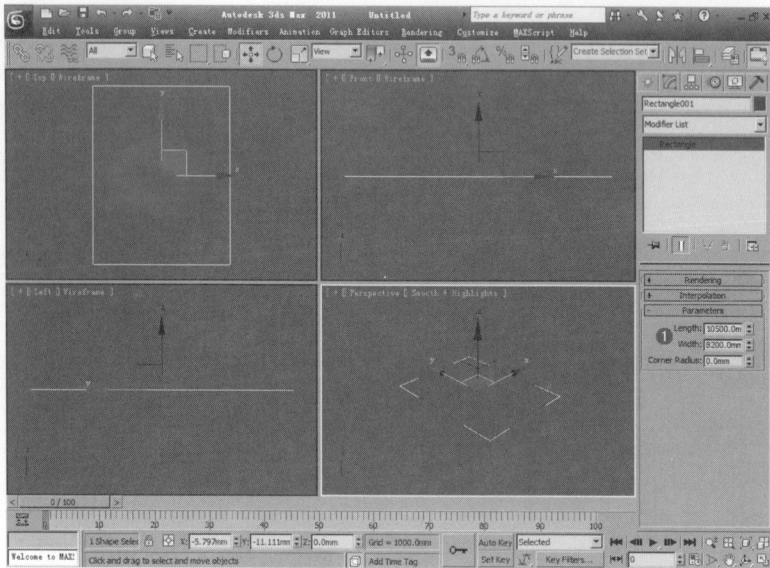

图3-29

为了节省时间，可以不导入CAD文件，直接创建一个矩形得到餐厅包厢的地面。

②挤出墙体高度：创建墙面，按快捷键Alt+W将视图最大化到顶视图，在 面板下单击 Line 按钮，打开捕捉命令，利用两点一线的方法，使每条线都是单独分开的，依照矩形轮廓分别描出四条直线。最后点击Modifier（修改）菜单下的Extrude（挤出）命令，将所描出四条线挤出3800mm，得到餐厅包厢的墙体，如图3-30所示。

技巧：创建线条的时候是分开的，所以挤出的时候四面墙也是分开的。

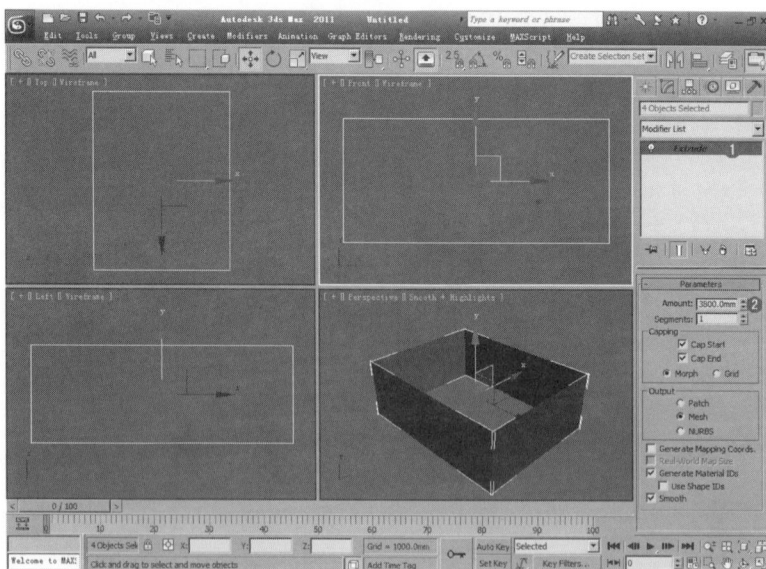

图3-30

③绘制地面和天花：打开捕捉命令，在顶视图中用Rectangle（矩形）命令，捕捉餐厅包厢的对角即可创建矩形，点击Modifier（修改）菜单下的Extrude（挤出）命令，或用之前用来作参考的矩形挤出，最后复制一个即可完成顶面和地面的制作，如图3-31所示。

技巧：以上采用的是墙面分开制作的方法，主要是考虑到初学者的空间掌握能力，以后创建墙面造型或吊顶的时候，就可以结合孤立或隐藏未选定对象的功能，使找到要创建物体的立面变得容易。

④绘制窗户矩形：选定需要制作窗的墙，按ALT+Q键，只留下有窗的墙体。选择可以看到墙立面的视图（左视图），创建三个Length（长度）2600mm、Width（宽度）2600mm的矩形，然后调节矩形离地300mm的高度，如图3-32所示。

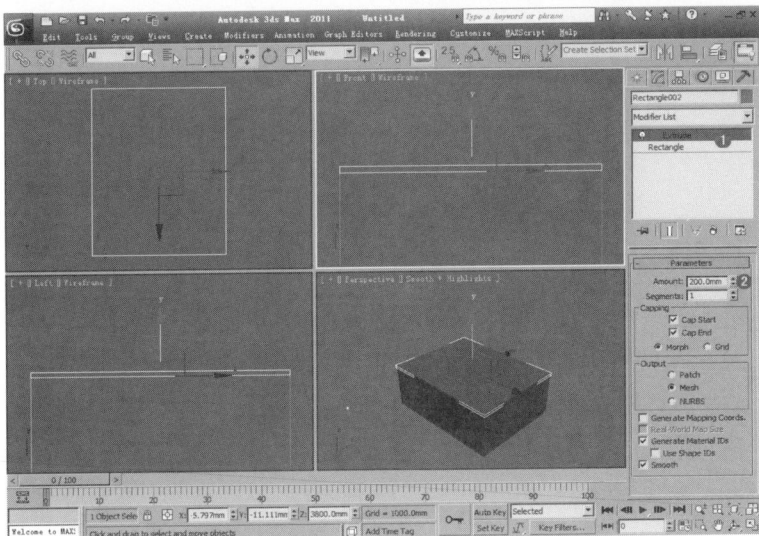

图3-31

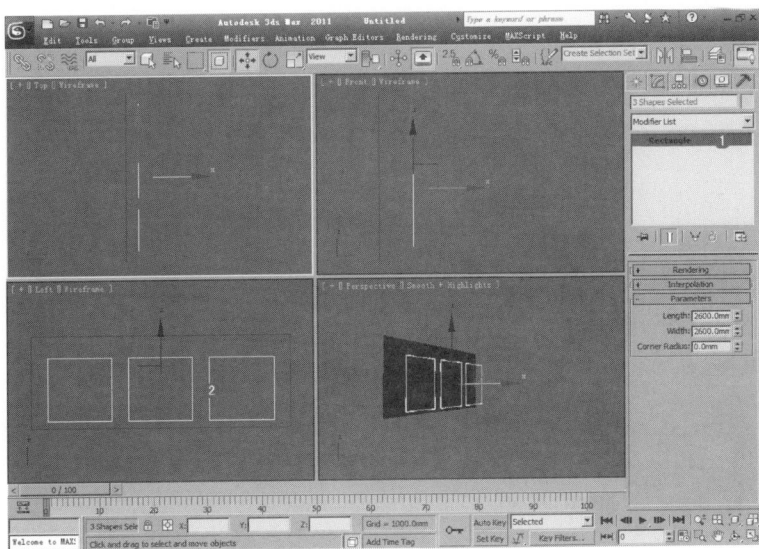

图3-32

⑤绘制墙体窗户辅助线：在左视图中选中单面墙体，点击Modifier（修改）菜单下的Edit Poly（编辑多边形）命令，点击☑Edge（边），选择墙体上下两条边，按 Connect ▢ （连接）旁边的设置，在弹出的窗口中把数量改为6后按☑，墙体上就增加了6条竖线。再选取每条线，打开捕捉，移动线条位置使每条线对齐到原来创建的3个矩形的竖边，如图3-33所示。

技巧：多选时须按键盘上Ctrl键，增加的6条线必须按照原来创建的顺序排列，如果排列错乱了墙面会出现黑影。

⑥绘制墙体窗户其他辅助线：利用上面方法，再选择6条竖线，然后用相同的方法增加2条横线，再调节横线高度与矩形对齐，在墙体制作出窗户的位置与大小，如图3-34所示。

技巧：以上是在一个面上加线的方法，

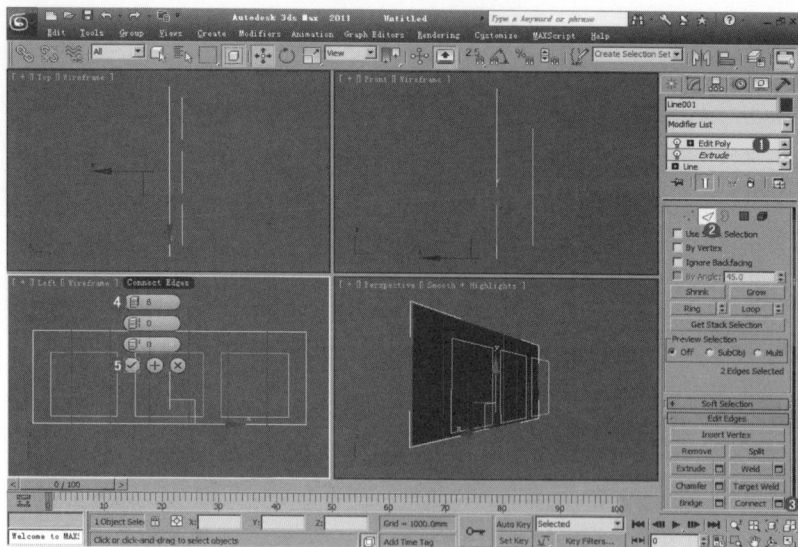

图3-33

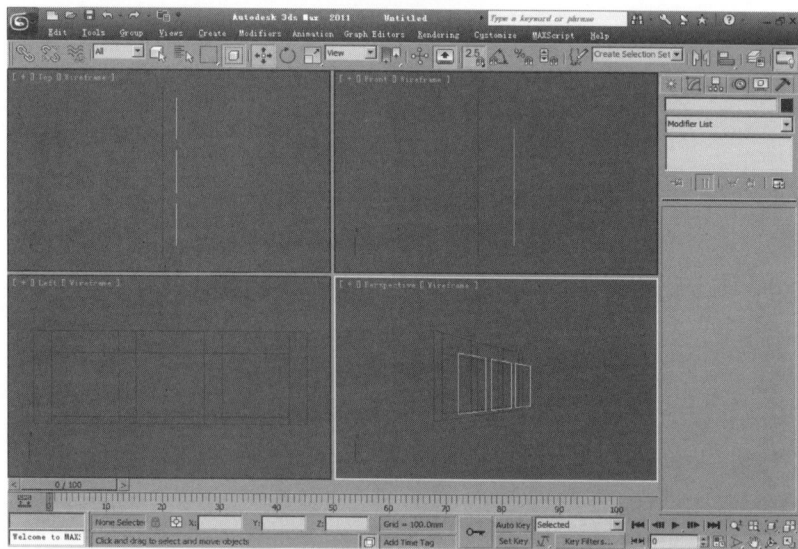

图3-34

须注意加竖线就先选横线，加横线就先选竖线的原则。另外，加线时要注意不能隔开不选，例如，有3条线，不能隔中间1条不选，否则加不了线条。

⑦挤出墙体窗户厚度：选择制作好线条的墙体，点击Modifier（修改），在Edit Poly（编辑多边形）命令下点■Polygon（多边形）子物体层级，再选择三个窗的面，窗变成红色表示被选中。然后按Extrude（挤出）后面

的设置，在弹出的窗口中把数量改成240mm（240mm是按照墙体厚度），按✓确定。最后直接按键盘上Delete键把选中的窗户面删除，如图3-35所示。

技巧：注意从顶视图观察挤出的方向，要使方向往外，如果发现方向反了，可以输入负值更正。以上方法是加线定窗位置，然后再挤出得到窗台厚度。利用相同方法可以制作有门的墙体。

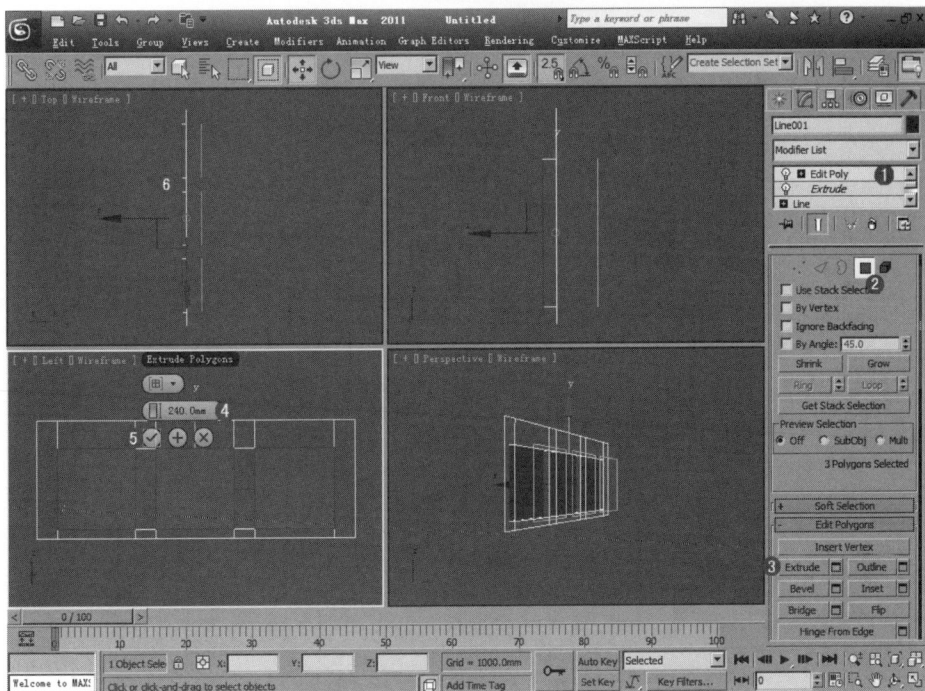

图3-35

（2）餐厅包厢铝合金窗的制作

①绘制窗外框：在左视图中打开捕捉命令，捕捉墙体上窗的尺寸创建矩形，点击Modifier（修改）菜单下的Edit Spline（编辑样条线）命令，点～Spline（样条线），然后把 Outline 0.0mm Outline（轮廓）数值改为30mm，按回车键完成。在Edit Spline（编辑样

条线）命令的～Spline（样条线）状态下，将使用Outline（轮廓）创建出来的矩形，按键盘上的Shift复制，再点击Edit Spline（编辑样条线）命令的⊡Vertex（顶点），选择点对制作的铝合金框进行调节，如图3-36所示。

②挤出窗外框厚度：点击Modifier（修改）菜单下的Extrude（挤出）命令，设置为80mm完

成窗外框，如图3-37所示。

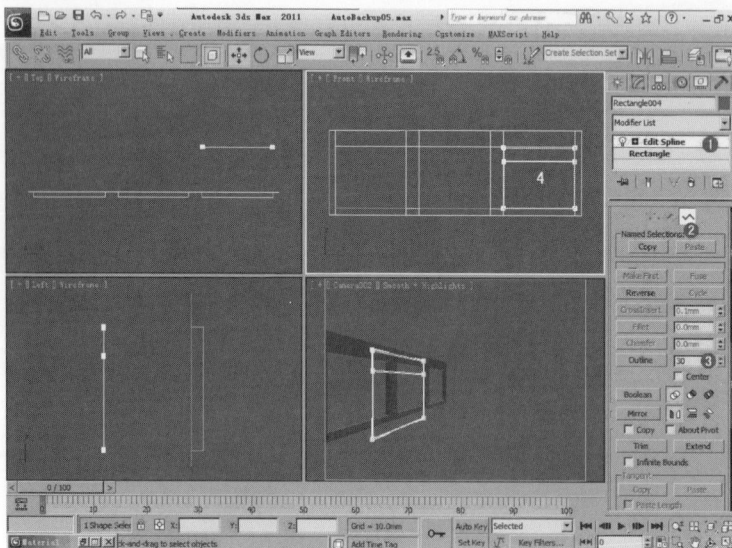

图3-36

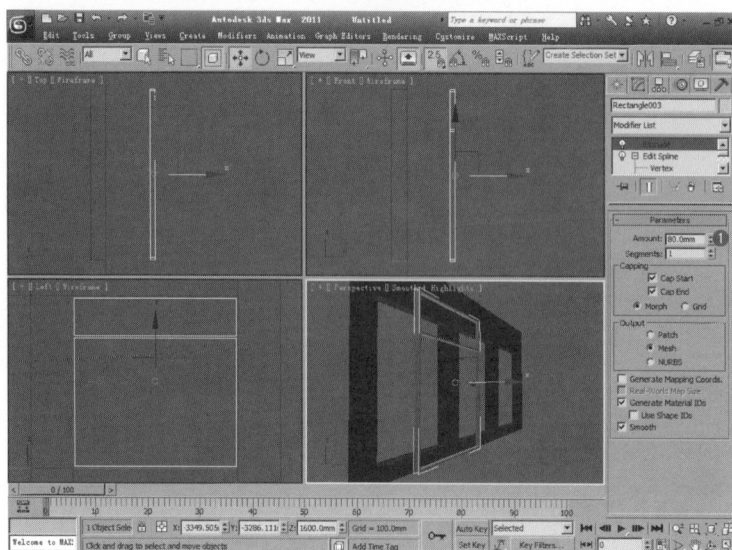

图3-37

③绘制窗户格栅：在左视图中打开捕捉命令，在窗户上面部分制作一个矩形，把矩形尺寸栏里的长边改为30mm。再点击Modifier（修改）菜单下的Extrude（挤出）命令，设置为35mm。然后利用捕捉命令创建矩形，点击Modifier（修改）菜单下的Extrude（挤出）命

令，设置为5mm完成窗户玻璃。此步骤是制作窗户上面固定的部分。打开捕捉命令，捕捉窗户框内的尺寸创建矩形，点击Modifier（修改），在矩形尺寸栏里利用小键盘上的除号直接除以3，即可将矩形分成3等份。点击Modifier（修改）菜单下的Edit Spline（编辑样条线）命令，

点 Spline（样条线），然后把 Outline 0.0mm Outline（轮廓）数值改为50mm，按回车键完成，再挤出35mm完成其中一扇推拉窗的铝合金框。最后利用捕捉命令创建矩形，然后点击Modifier（修改）菜单下的Extrude（挤出）命令，设置为5mm完成窗户玻璃。最后复制得到其他两扇窗户，如图3-38所示。

（3）餐厅包厢吊顶的制作

①绘制大圆吊顶：在顶视图中用Rectangle（矩形）命令创建一个Length（长度）10500mm、Width（宽度）8200mm的矩形，再用Circle（圆）创建一个Radius（半径）为3000mm的圆。选择创建好的矩形点击Modifier（修改）菜单下的Edit Spline（编辑样条线）命令，然后点 Attach Attach（附加）后选择创建好的圆，最后点击Modifier（修改）菜单下的Extrude（挤出）命令，设置为80mm的高度，如图3-39所示。

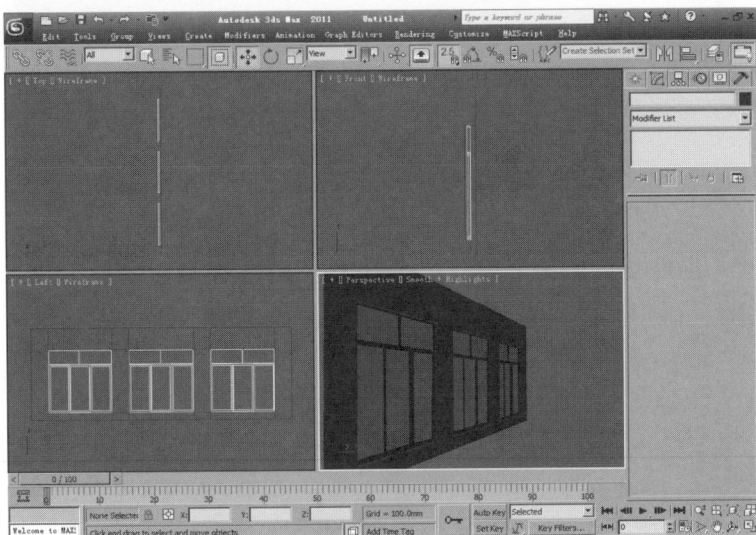

图3-38

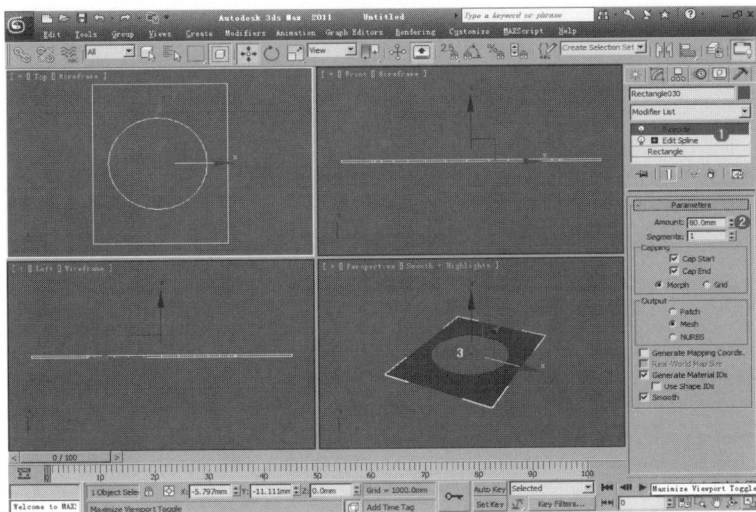

图3-39

②吊顶圆平均加点：对上一步骤中的图局部放大后会发现中间的圆不是很平滑，因此需要进行修改。选择上一步制作好的吊顶，然后点击Modifier（修改）菜单里Edit Spline（编辑样条线）下的 Segment（分段）命令，选择圆的四条边。选择矩形点击Modifier（修改）菜单下的Edit Spline（编辑样条线）命令，然后在Divide（拆分）后输入2，点Divide（拆分）按钮，所选的四条边分别再加两个点（拆分可以将所选的线条分成所需等份），对圆修改完成，如图3-40所示。

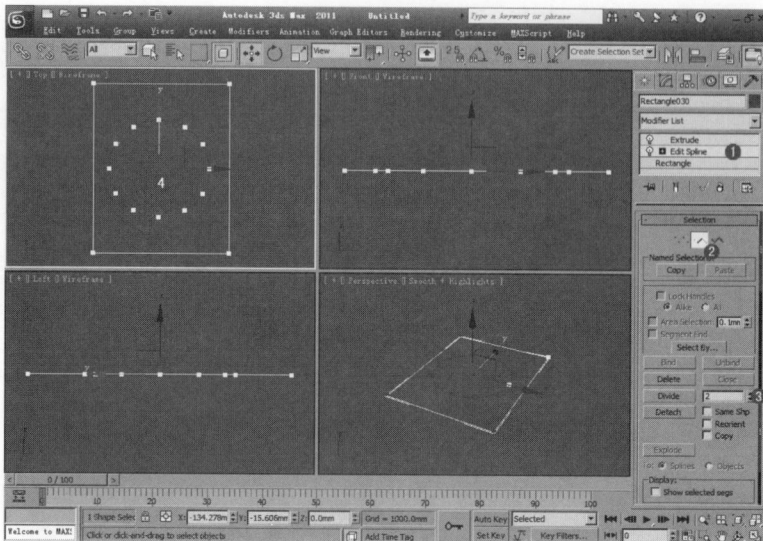

图3-40

③绘制吊顶圆角边：选择上一步制作好的吊顶复制一个，点击Modifier（修改）菜单里Edit Spline（编辑样条线）下

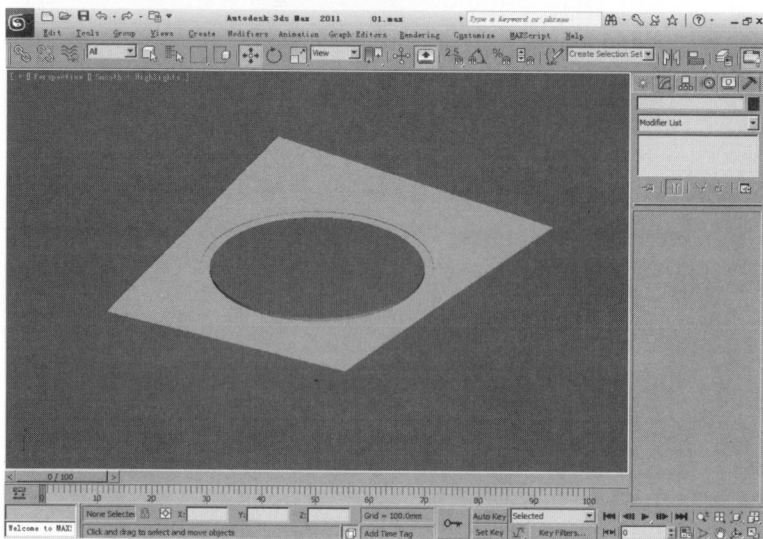

图3-41

的 Spline（样条线），选中矩形并删除，然后把 Outline 0.0mm Outline（轮廓）数值改为250mm，按回车键完成。最后点击Modifier（修改命令）菜单下的Extrude（挤出）命令，设置为30mm。最后将边线调整到吊顶的下面，这一步制作的是吊顶的边线，如图3-41所示。

④绘制二级吊顶：利用上一步的制作方法再制作另一个吊顶。设置圆的半径为2200mm。最后调整好吊顶的高度位置，如图3-42所示。

⑤绘制石膏线的剖面：在前视图中创建一个Length（长度）80mm、Width（宽度）120mm的矩形，然后点击Modifier（修改）菜单下的Edit Spline（编辑样条线）命令，再点击Edit Spline（编辑样条线）下的 Segment（分段）。选择矩形的一条边，在Divide（拆分）后输入10，点Divide（拆

分）按钮，所选的边上就会增加10个点，最后调整成石膏线的剖面图形，如图3-43所示。

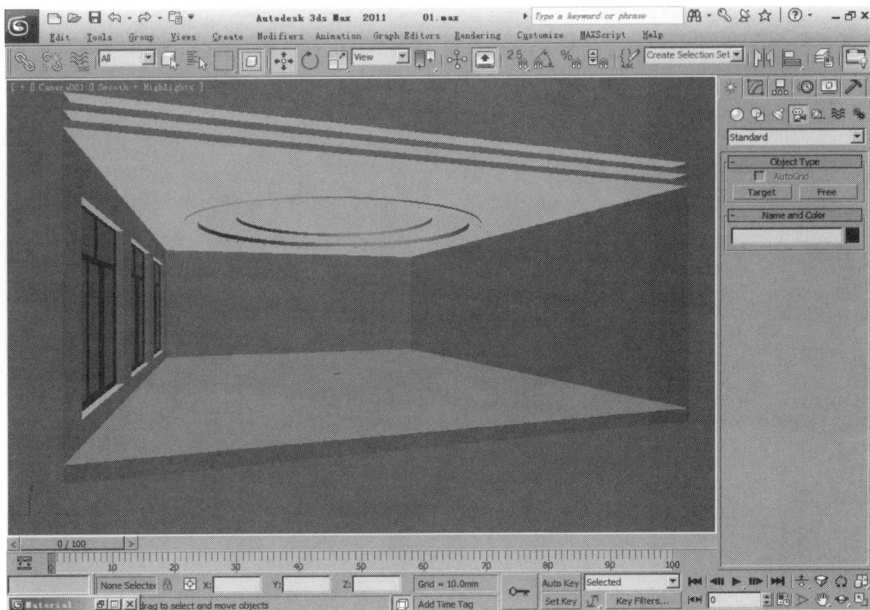

图3-42

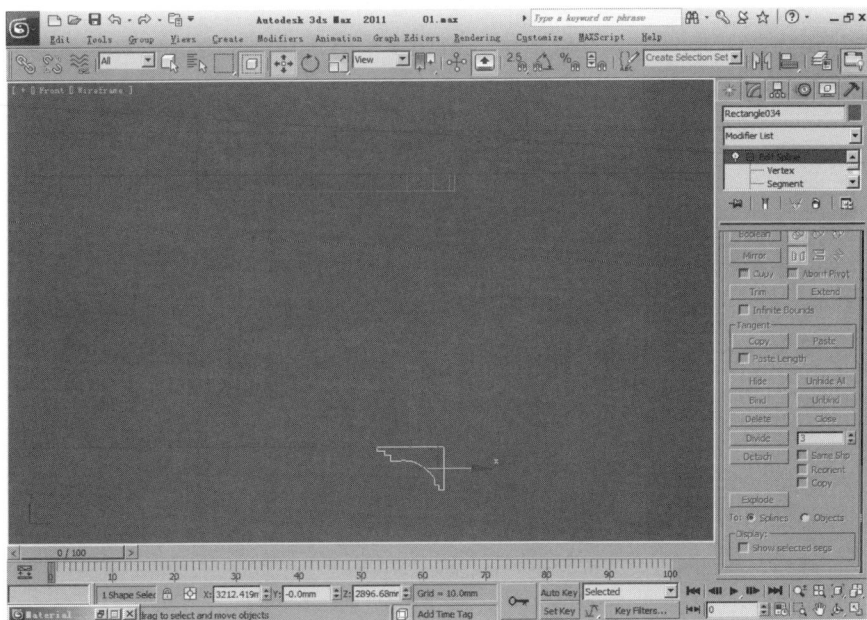

图3-43

⑥绘制石膏线：选择吊顶，点击Modifier（修改）菜单，将窗口里的Extrude（挤出）命令删除。然后在Edit Spline（编辑样条线）下点 Spline（样条线），选大的矩形删除，再点击Modifier（修改）菜单下的Bevel Profile（倒角剖面）命令，最后点击下面的Pick Profile（拾取剖面）命令，选中上一步制作

好的石膏线剖面，石膏线制作完成，如图3-44所示。

　　⑦绘制其他石膏线：利用上一步的制作方法制作另一个吊顶的石膏线，最后调整好吊顶的高度位置，如图3-45所示。

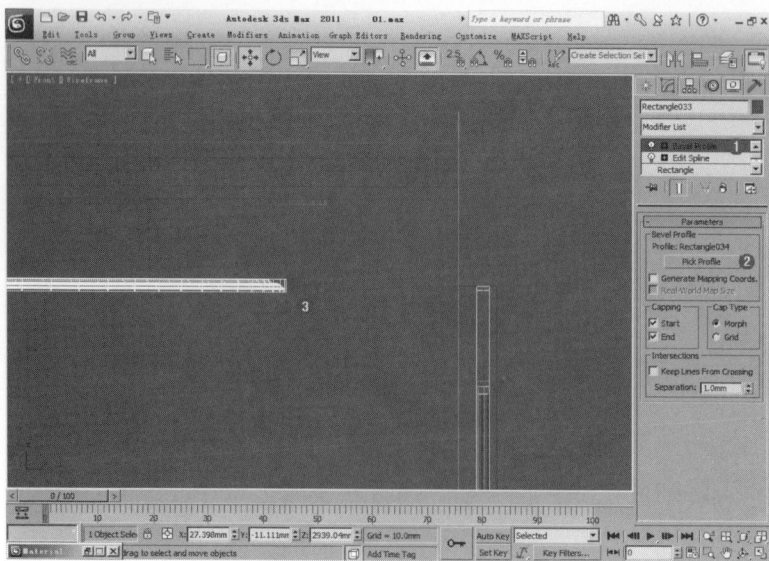

图3-44

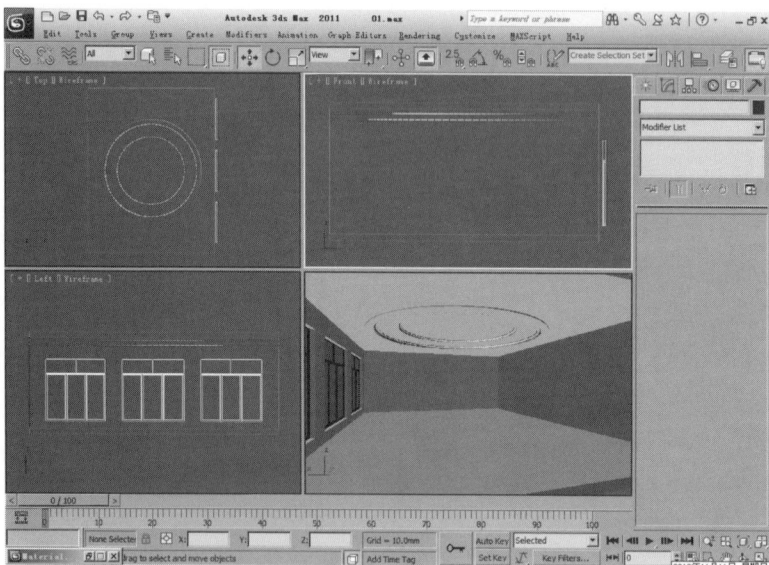

图3-45

（4）餐厅包厢大灯的制作

　　①绘制大灯的外框：在前视图中创建一个Geosphere（几何球体），设置Radius（半径）为1900mm，Segments（分段）为10。然后点击Modifier（修改）菜单下的Slice（切片）命令，将切

线调整到球体中点位置后，勾选Remove Bottom（移除底部）将球体的下半部分切除。然后再一次使用Slice（切片）命令将半个球体的上面部分切掉（注意是勾选Remove Top），只留下1米的高度，如图3-46所示。

②绘制大灯外框格栅：选择制作好的几何体，然后点击Modifier（修改）菜单下的Lattice（结构线框）命令，并调节相关参数，如图3-47所示。

③绘制灯布的二维线：在顶视图中创建一个Star（星形），设置Radius1（半径1）为：1550mm，Radius2（半径）为1350mm，Points

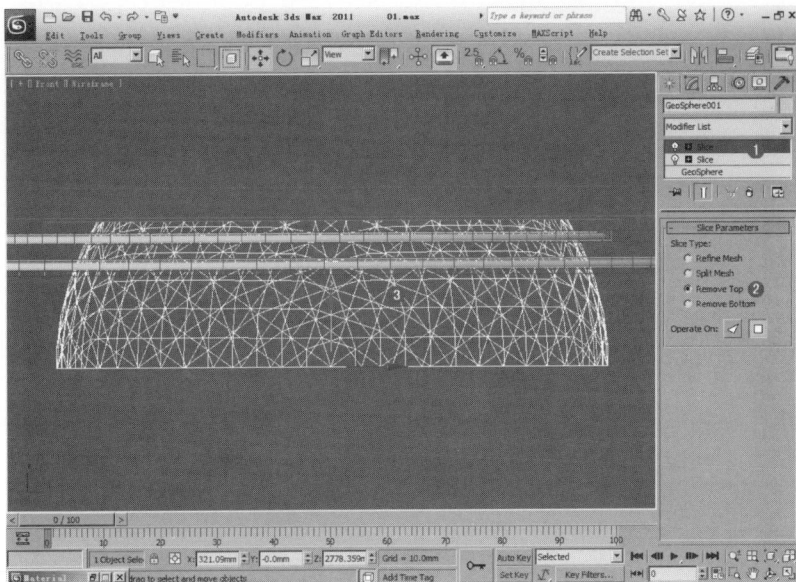

图3-46

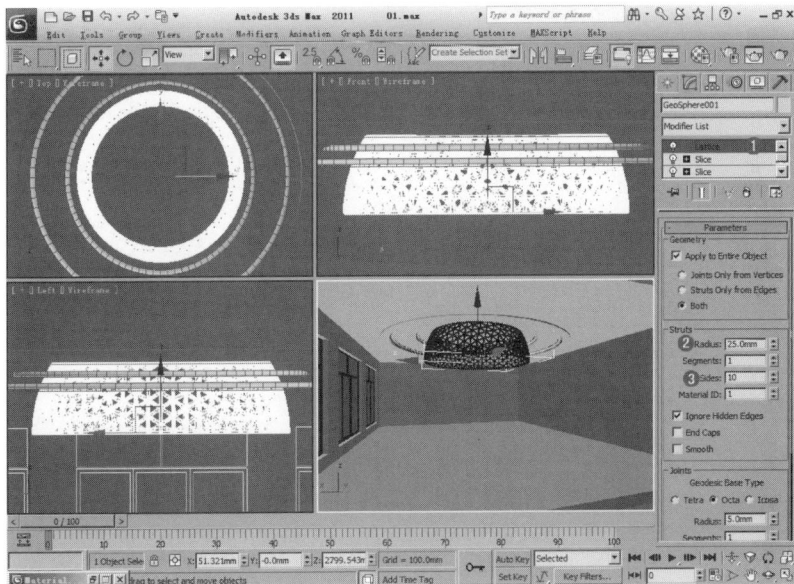

图3-47

（点）为17，然后点击Modifier（修改）菜单下的Edit Spline（编辑样条线）命令，再点击Edit Spline（编辑样条线）命令的▨Vertex（顶点），选择星形所有的点，点击Edit Spline（编辑样条线）下的Fillet（圆角）命令，对所选的点进行处理，如图3-48所示。

④制作灯布：选择上一步制作好的星形，点击Modifier（修改）菜单里Edit Spline（编辑样条线）下的▨Spline（样条线），然后把Outline（轮廓）数值改为5mm，按回车键完成。最后点击Modifier（修改）菜单下的Extrude（挤出）命令，设置为1000mm。利用相同的方法制作出不同半径的星体，并调整高度位置，如图3-49所示。

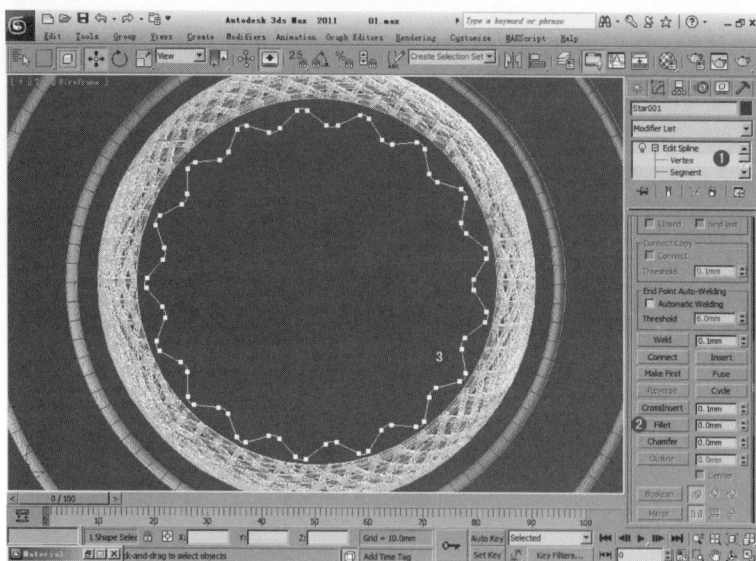

图3-48

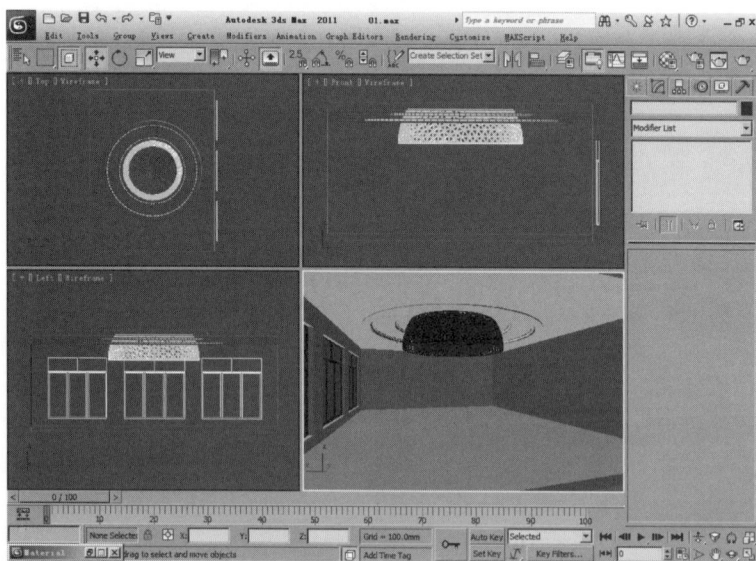

图3-49

（5）餐厅包厢吊顶调节

在空白处点鼠标右键，在弹出窗口中点击Unhide All（全部取消隐藏），如图3-50所示，把原来隐藏的全部显示出来。将制作好的吊顶墙面按照设计需要调整好，如图3-51所示。

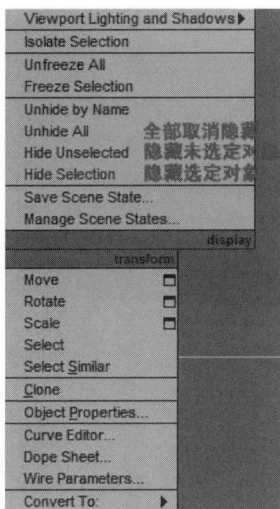
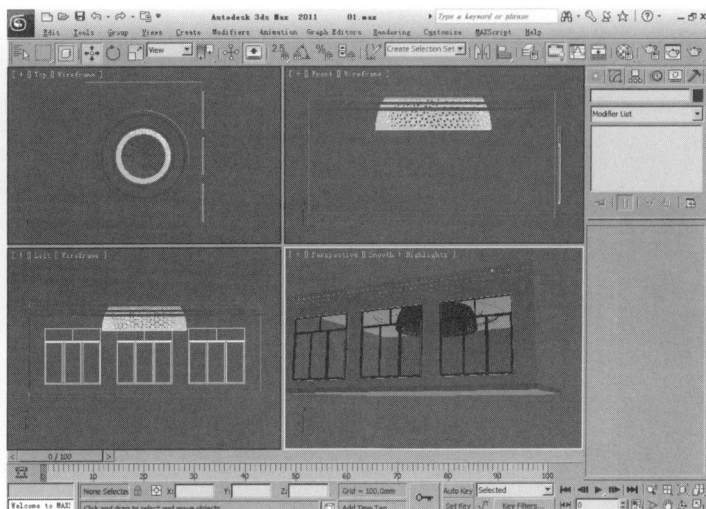

图3-50　　　　　　　　　　　　　　　　图3-51

（6）餐厅相机设置

①设置相机参数：点击命令面板中的摄像机按钮，选择Target（目标摄像机）命令卷展栏下的Parameters（参数）/Lens（镜头），设置为24mm，如图3-52所示。

②创建相机：在顶视图中创建相机，如图3-53所示。

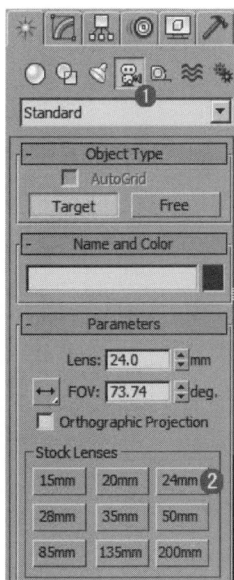
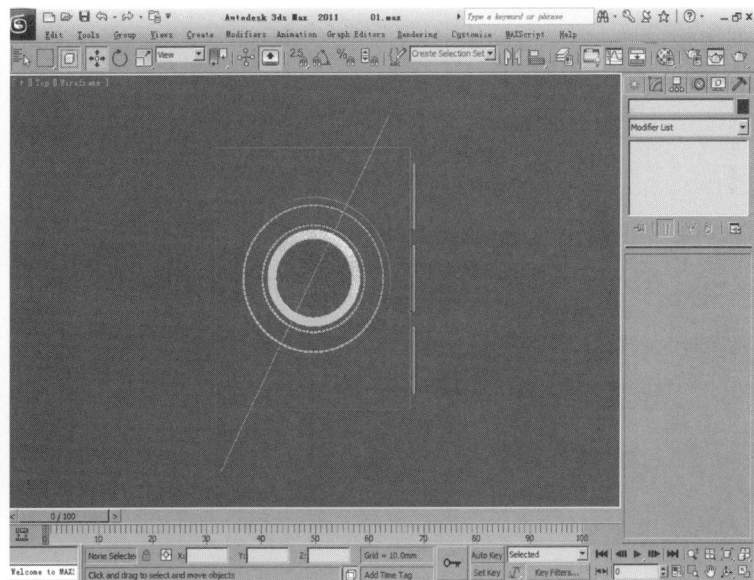

图3-52　　　　　　　　　　　　　　　　图3-53

③调节相机位置：将相机调整好高度和角度，进入Camera01（相机）视图后会发现有墙体挡住了相机，因此我们需要对相机进行剪切。选择相机，点击Modifier（修改），在修改面板下勾选Clip Manually（手动剪切），然后设置Near Clip（近距剪切）为3000mm，Far Clip（远距剪切）为15000mm，如图3-54所示。

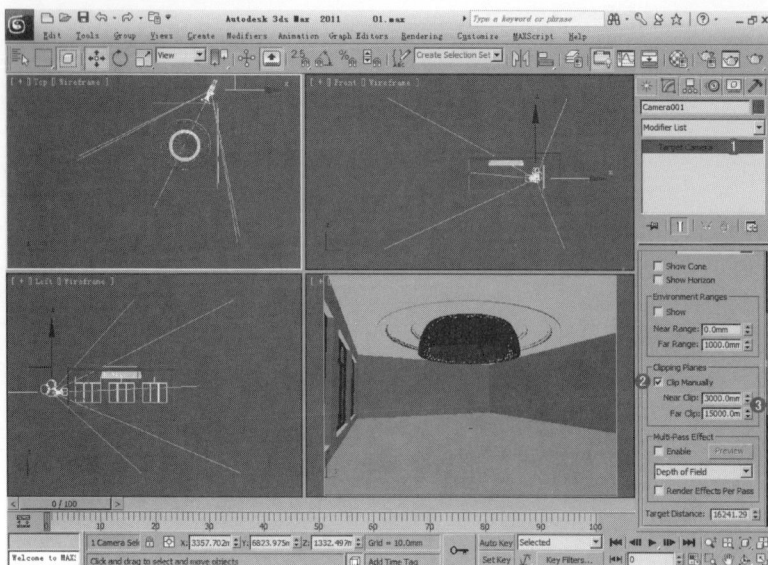

图3-54

（7）餐厅包厢墙体正立面的制作

①隐藏墙体：首先制作正立面，选择吊顶和正立面墙，隐藏未选定的对象（参考之前的相同步骤），如图3-55所示。

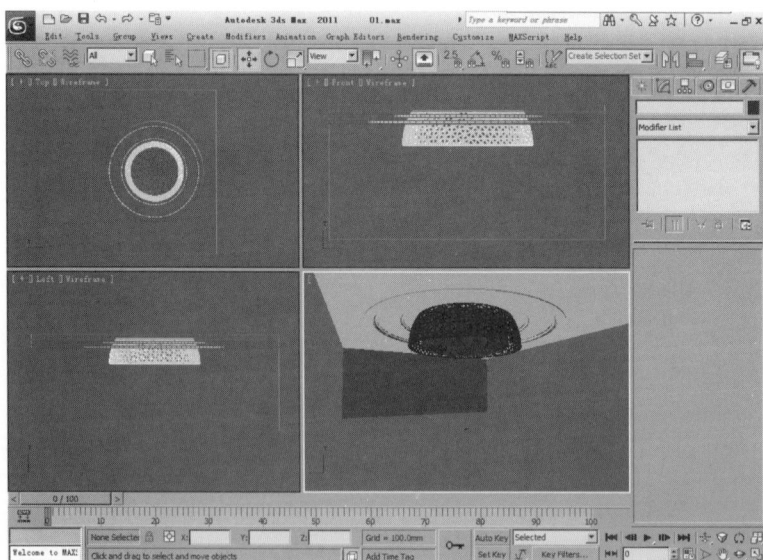

图3-55

②绘制造型线条剖面：在顶视图中创建一个Length（长度）130mm、Width（宽度）150mm的矩形，点击Modifier（修改）菜单下的Edit Spline（编辑样条线）命令，点击 Segment（分段），选择矩形长、宽各一条边后利用Divide（拆分）命令给所选的边加点，然后调整成角线剖面，如图3-56所示。

③绘制造型线条路径线：在前视图中用Rectangle（矩形）命令创建一个Length（长度）3340mm、Width（宽度）2000mm的矩形，点击Modifier（修改）菜单下的Edit Spline（编辑样条线）命令，点击 Segment（分段），选择矩形下面的一条边删除，如图3-57所示。

④制作造型线条：选择上一步制作好的矩形，点击Modifier（修改）菜单下的Bevel Profile（倒角剖面）命令，再点击下面的Pick Profile（拾

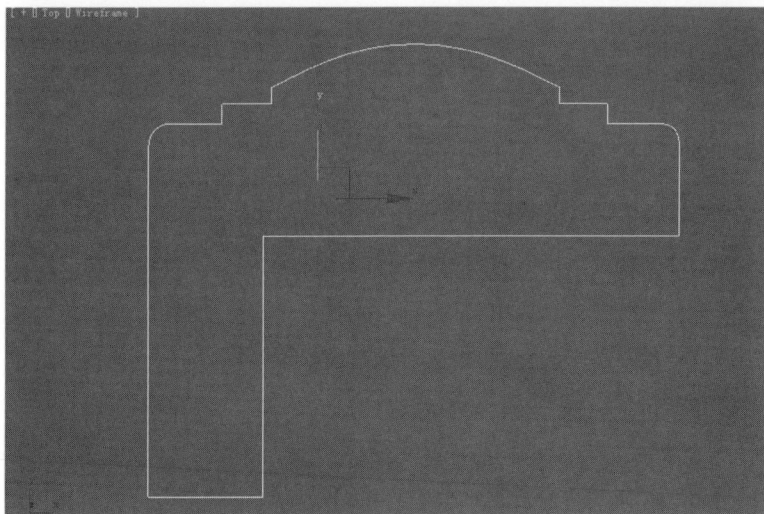

图3-56

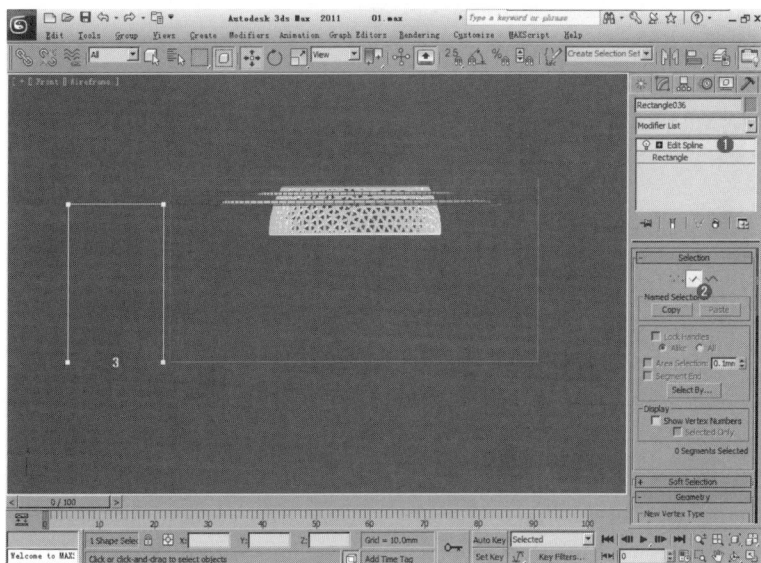

图3-57

取剖面），选中上一步制作好的角线剖面，背景墙角线制作完成，如图3-58所示。

⑤绘制平面造型：在 ⊡ 面板下单击 Line 按钮，打开捕捉命令，捕捉制作好的角线制作一条线。点击Modifier（修改）菜单下的Edit Spline（编辑样条线）命令，点击 ☑ Spline（样条线），然后把Outline（轮廓）数值改为1800mm，按回车键完成。最后点击Modifier（修改）卷展栏菜单下的Extrude（挤出）命令，设置为20mm，如图3-59所示。

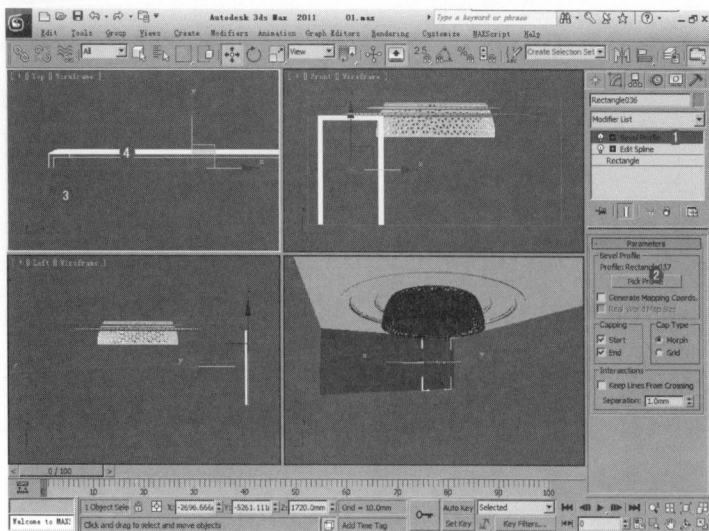

图3-58

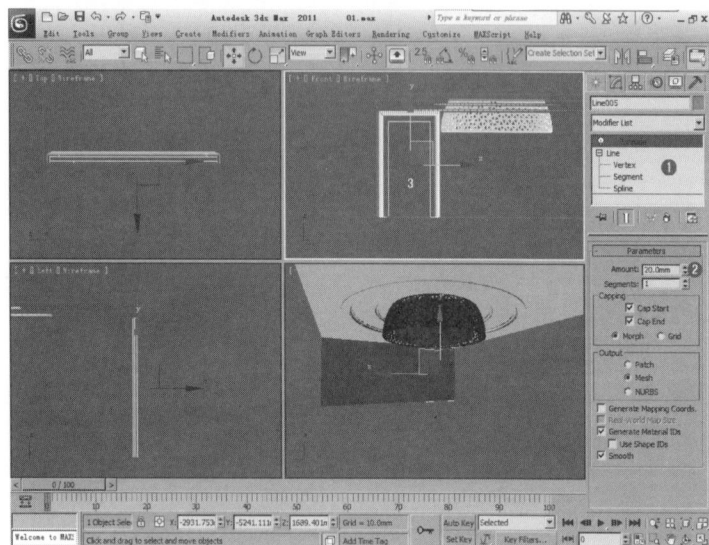

图3-59

⑥绘制其他造型线条：在顶视图中创建一个Length（长度）70mm、Width（宽度）100mm的矩形，点击Modifier（修改）菜单下的Edit Spline（编辑样条线）命令，点击 ☑ Segment（分段），选择矩形长、宽各一条边后，利用Divide（拆分）命令给所选的边加点，然后调整成角线剖面。

在■面板下单击［Line］按钮，打开捕捉命令，捕捉制作好的角线制作一条线。选择上一步制作好的线条，选择矩形并点击Modifier（修改）菜单下的Bevel Profile（倒角剖面）命令，再点击下面的Pick Profile（拾取剖面），选中上一步制作好的角线剖面，至此背景墙角线制作完成，如图3-60所示。

⑦倒角茶镜加边：在前视图中找到几何体创建面板并单击［Plane］面命令，打开捕捉命令，捕捉制作好的角线创建Length（长度）3000mm、Width（宽度）1230mm，Length Segs（长度分段）为6、Width Segs（宽度分段）为3的面，点击Modifier（修改）菜单下的Edit Poly（编辑多边形）命令，点击■Vertex（顶点），然后点击［QuickSlice］（快速切片）命令，捕捉面上的角点进行加线，如图3-61所示。

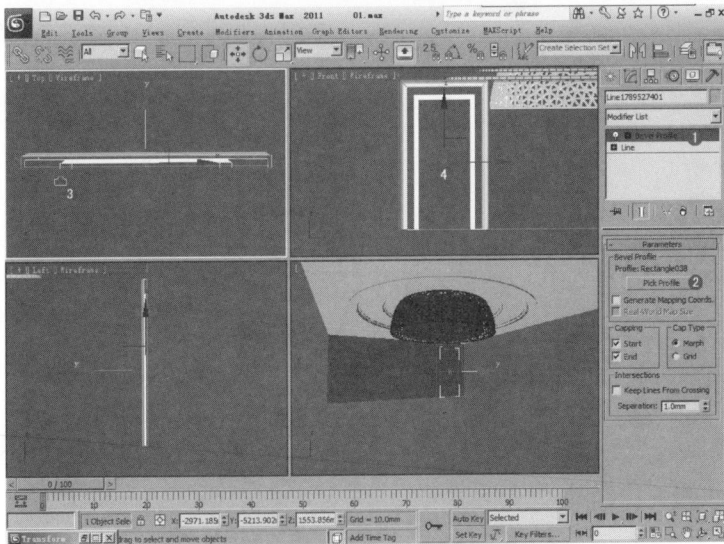

图3-60

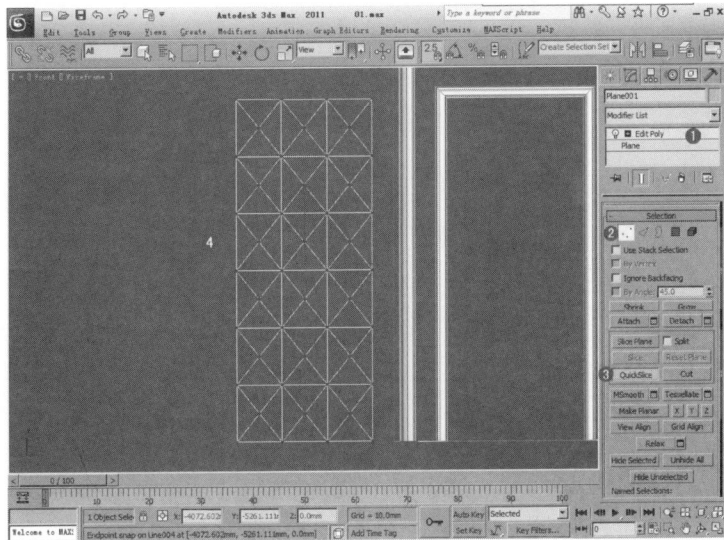

图3-61

⑧茶镜切边：点击Modifier（修改）菜单下的 QuickSlice （快速切片）命令退出编辑命令，然后点击 Vertex（顶点）并选择面上所有的点，再点击 Weld （焊接）命令，把所有靠近的点焊接在一起。之后点击 Edge（边），选择上一步添加的所有斜线，然后点击命令面板下的 Chamfer

（切角）后的设置，在弹出的窗口中修改参数，再按 完成操作，如图3-62所示。

⑨茶镜面挤出：点击 多边形，然后选择面上的菱形，再点击 Extrude 后面的设置，在弹出的窗口中修改参数，再按 完成操作，如图3-63所示。

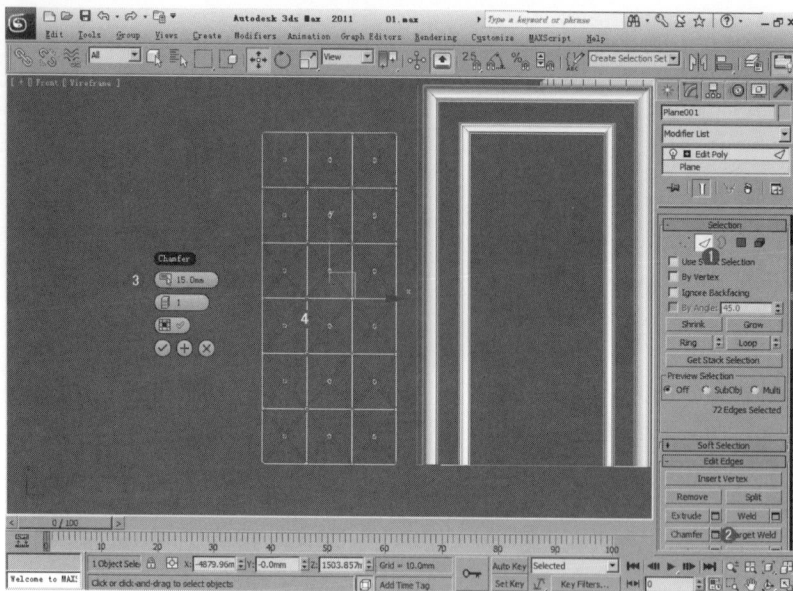

图3-62

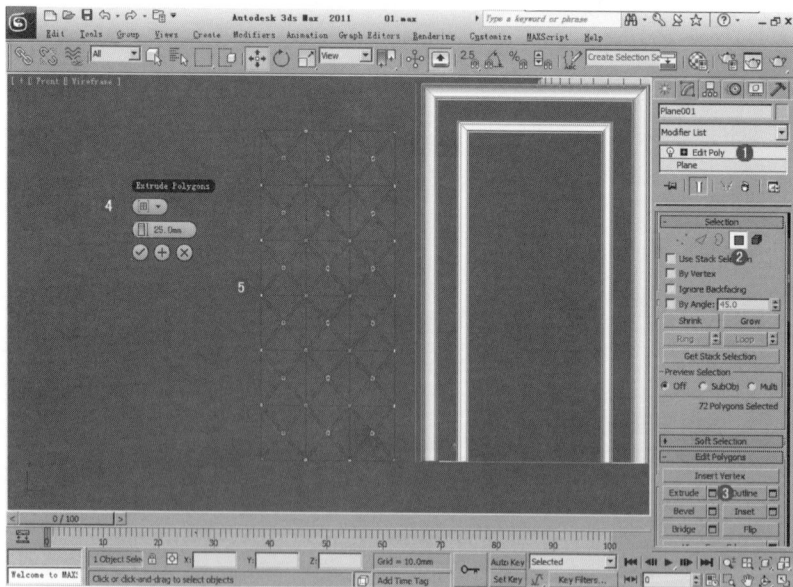

图3-63

⑩复制造型：调整好菱形镜面的位置，结合Ctrl键同时选取前面制作好的角线等，复制一组，如图3-64所示。

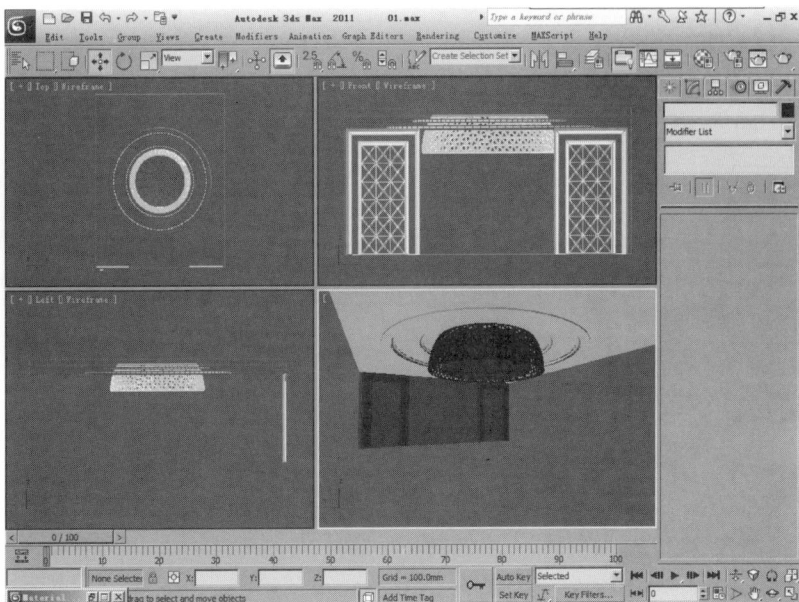

图3-64

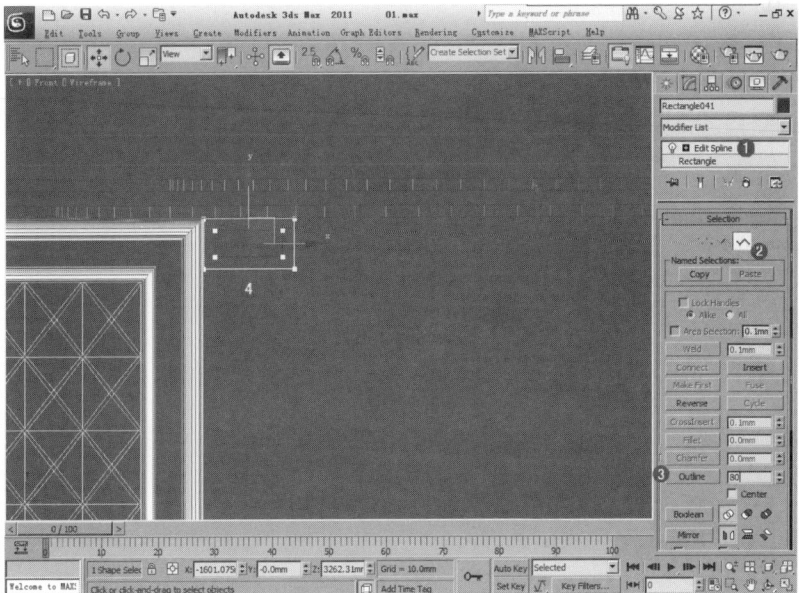

图3-65

⑪绘制单个回形造型：在前视图中创建一个Length（长度）340mm、Width（宽度）630mm的矩形，点击Modifier（修改）菜单下的Edit Spline（编辑样条线）命令，点击 Spline（样条线），然后把Outline（轮廓）数值改为80mm，按回车键完成，如图3-65所示。最后点击Modifier（修改）菜单

下的Extrude（挤出）命令，设置为25mm，复制多个并排列在墙面上，如图3-66所示。

⑫完成造型：复制多个圆形并排列在墙面。制作完成后有部分模型超出角线，选择超出角线的模型取消关联后，用之前学习到的切片命令进行切除，如图3-66所示。

（8）餐厅包厢墙体右立面的制作

①隐藏墙体：制作右立面墙造型，选择右面墙体，再选择吊顶部分，隐藏未选定对象（参考之前相同步骤），如图3-67所示。

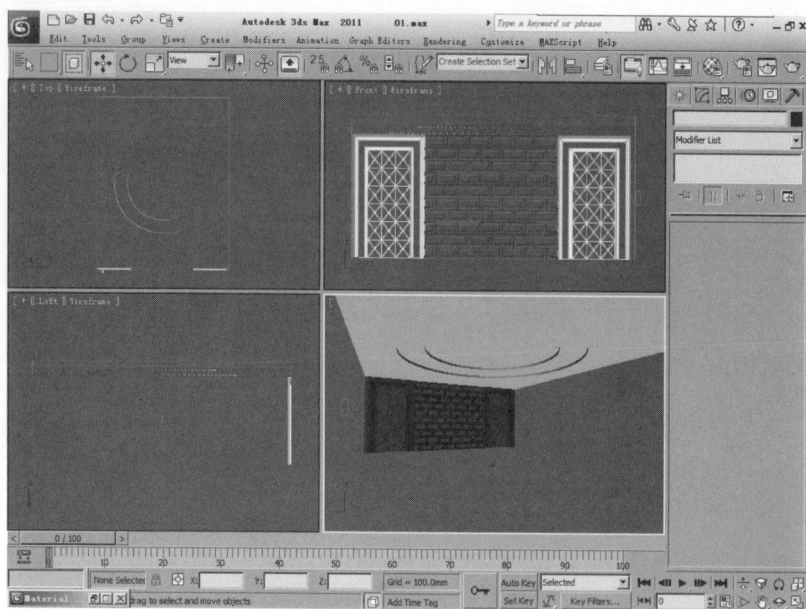

图3-66

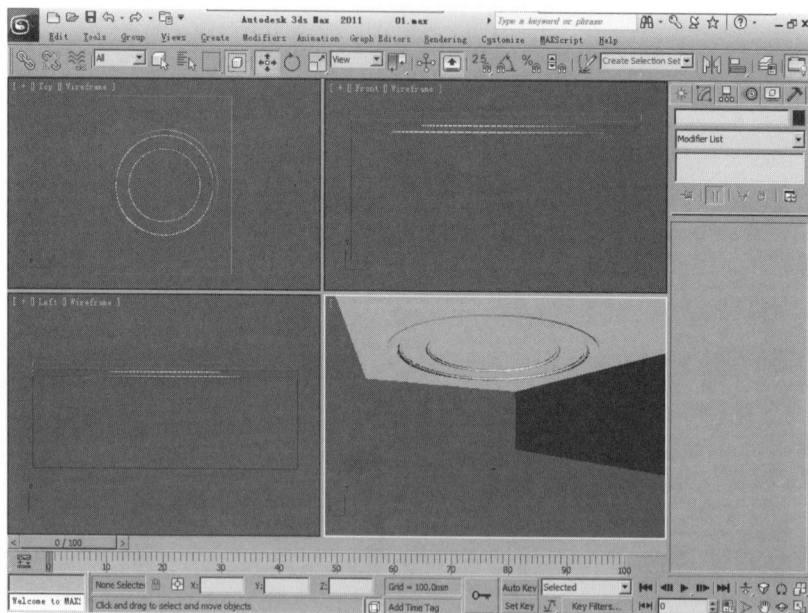

图3-67

②绘制造型线条：利用和正立面墙制作角线同样的方法，在右立面墙制作角线。角线的Length
（长度）为3440mm，Width（宽度）为4500mm，角线剖面Length（长度）为250mm，Width
（宽度）为150mm，如图3-68所示。

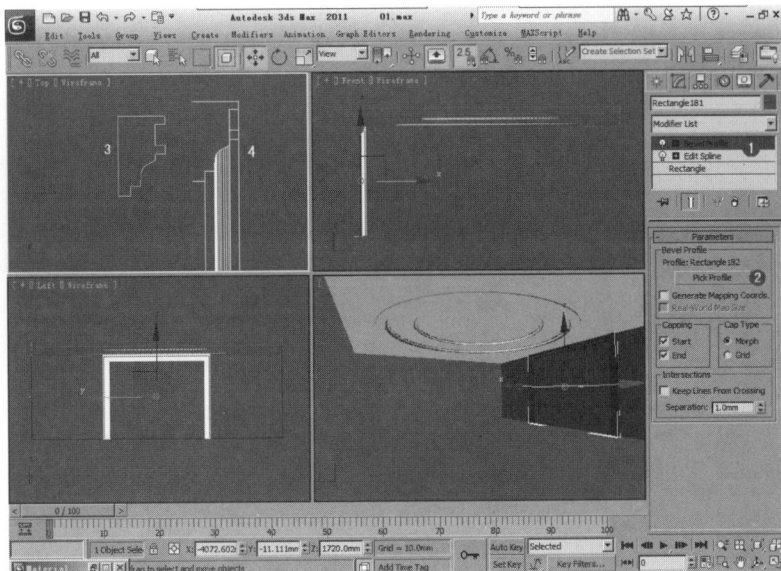

图3-68

③Photoshop魔棒工具：接下来制作角线内复杂的花形模型，我们可以结合Photoshop来提取花
的路径。打开Photoshop，把准备好的图片打开，点击工具栏中的▣魔棒工具，选取图片中的白色部
分，然后点击菜单栏中的选择，在下拉列表中点击"选取相似"，把图片中所有白色部分全部选中，
如图3-69所示。

图3-69

④Photoshop工作路径：点击菜单栏上选择下列表中的反选，选取植物的造型，在魔棒工具状态下点击鼠标右键，在弹出窗口中点击"建立工作路径"，把容差改为1，最后按确定完成操作，如图3-70所示。

⑤Photoshop保存文件：点击菜单栏上文件下列表中的导出命令，在导出的下列表中点击路径到Illustrator，在弹出的窗口中命名为"花形"并将文件保存，如图3-71所示。

⑥导入文件：重新回到3ds Max中，点击菜

图3-70

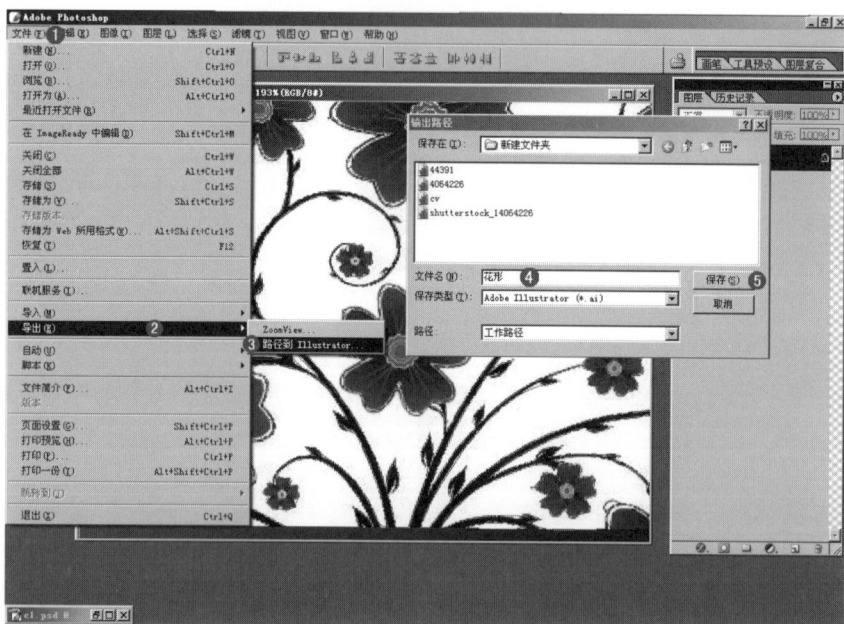

图3-71

单栏上的⑤文件图标，在下列表中点击Import（导入），在表中点击Import（导入）命令，在弹出的窗口中选择上一步制作的路径并打开，把路径导入3ds Max中，如图3-72所示。

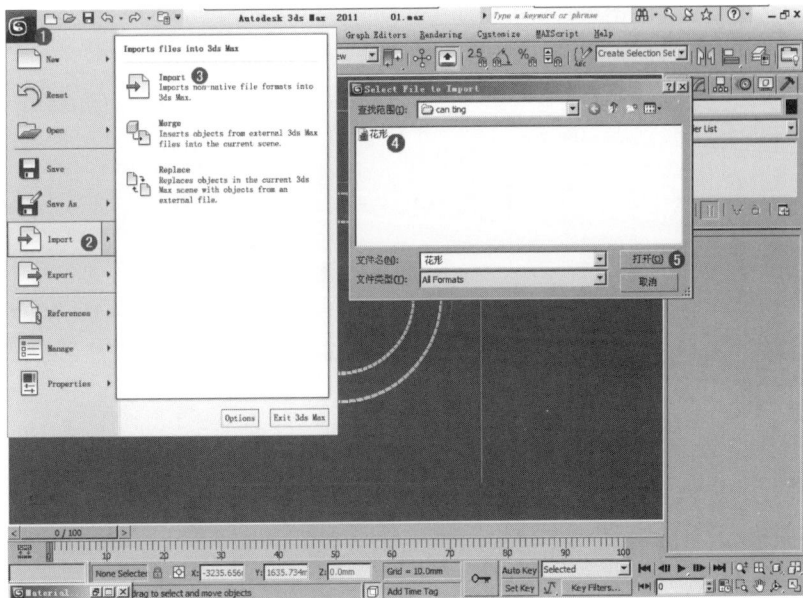

图3-72

技巧：路径导入后会发现它是二维线，且比模型比例小，因此需要用主工具栏上的☐等比例缩放工具把路径模型放大，并用☐旋转工具将模型角度调整正确。检查二维线的线条是否重叠，如有重叠应进行修改，否则挤出后会产生错误。图3-73所示为修改之前，图3-74所示为修改之后。

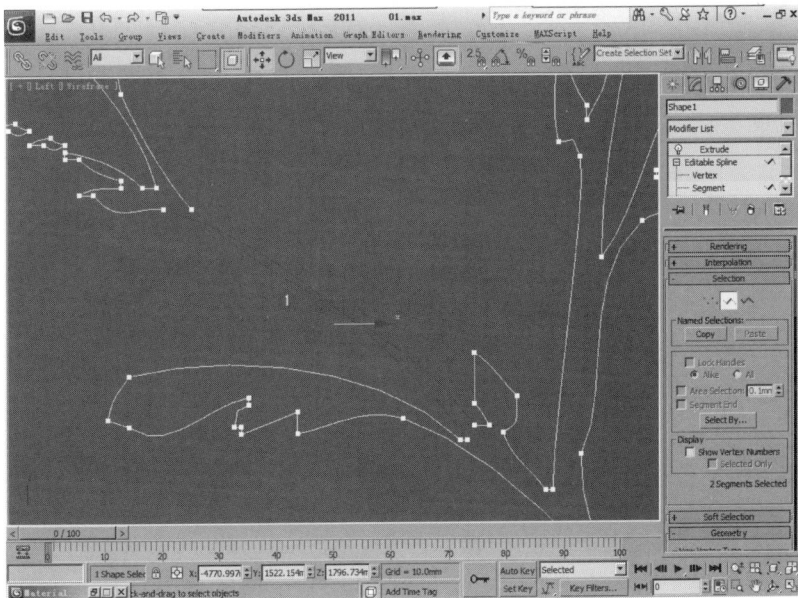

图3-73

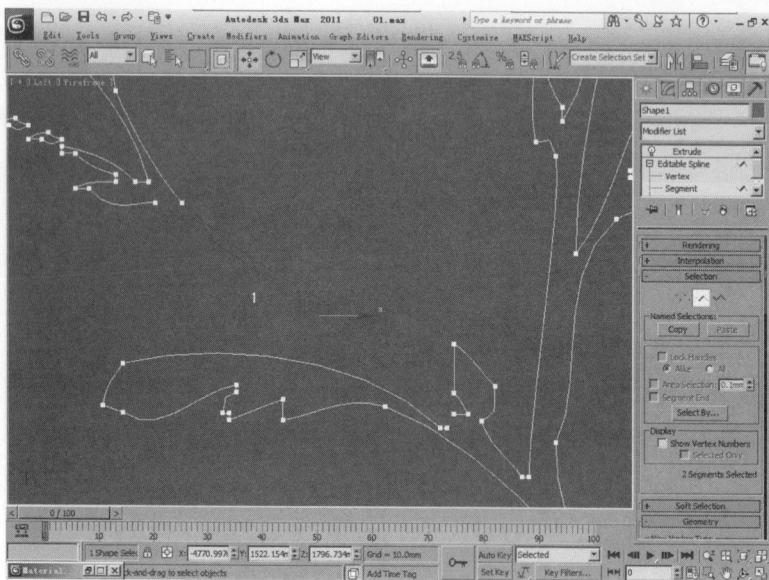

图3-74

⑦挤出花造型：检查完成后点击Modifier（修改）菜单下的Extrude（挤出）命令，设置为10mm，然后点击Modifier（修改）菜单下的FFD 2*2*2（自由变形），将模型调整至角线内，如图3-75所示。

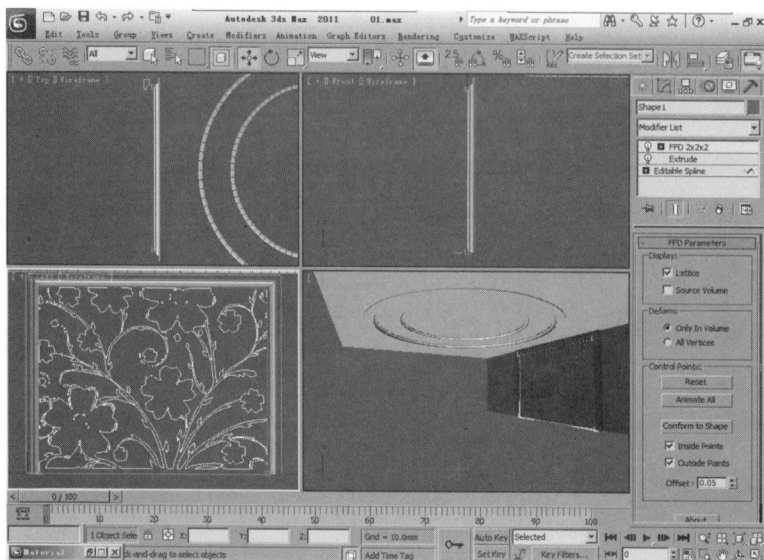

图3-75

⑧绘制硬包造型边：制作立面墙皮硬包，在左视图中打开捕捉命令，在几何体创建面板下单击 Plane （面）命令，捕捉制作好的角线并在墙边创建Length（长度）3440mm、Width（宽度）3000mm、Length Segs（长度分段）为4、Width Segs（宽度分段）为4的面。点击Modifier（修改）

菜单下的Edit Poly（编辑多边形）命令，点击▣Vertex（顶点），然后点击 QuickSlice （快速切片）命令，捕捉在面上的角点并加线，如图3-76所示。

⑨硬包造型边切角：点击Modifier（修改）菜单下的 QuickSlice （快速切片）命令退出编辑命令，然后点击▣Vertex（顶点）并选择面上所有的点，再点击 Weld ▣ 焊接按钮，把所有靠近的点焊接在一起。之后点击☑Edge（边），选择面上所有的线，然后点击命令边板下的 Chamfer ▣（切角）后的设置，在弹出的窗口中修改参数，再按☑完成操作，如图3-77所示。

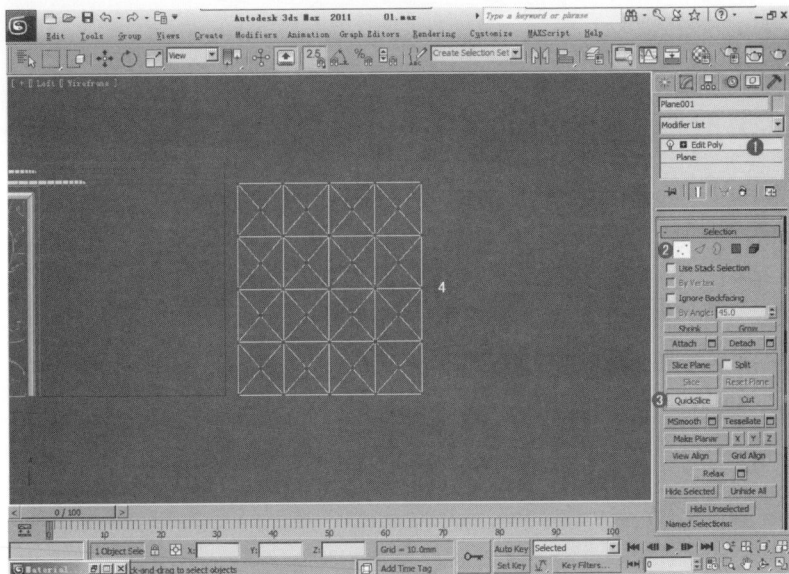

图3-76

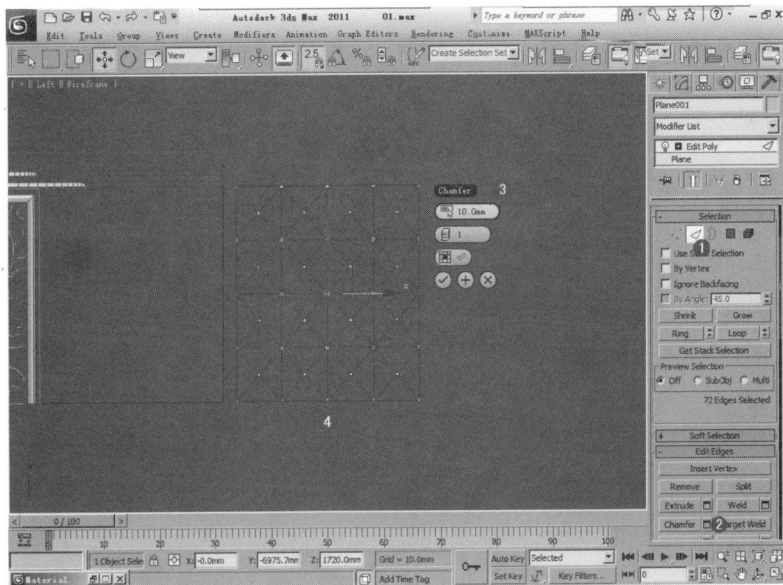

图3-77

⑩硬包造型面挤出：点击■多边形，然后选择面上的三角形，再点击 Extrude ■ 后面的设置，在弹出的窗口中修改参数，再按☑完成操作，如图3-78所示。

⑪硬包造型边挤出：在顶视图中选择面，点击Edit Poly（编辑多边形）命令下的Edge（边），在顶视图中选择被挤出来的面的边，在Edit Poly（编辑多边形）命令下，点击 Chamfer ■ 切角后面的设置，在弹出的窗口中修改参数，再按☑完成操作，如图3-79所示。

⑫调整餐厅包厢造型：将制作好的模型复制一个，并调整到合理位置，显示所有模型，如图3-80所示。

（9）保存文件

单击菜单栏中file（文件）/save as（另存为）命令，将文件保存为"3.2 餐厅包厢空间模型"。

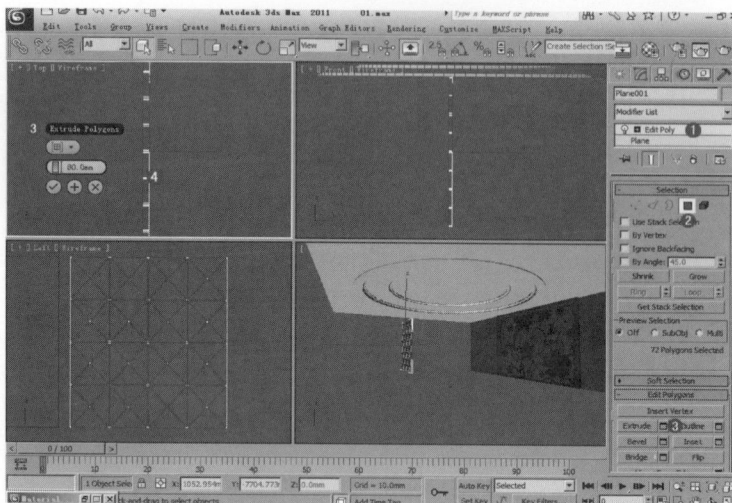

图3-78

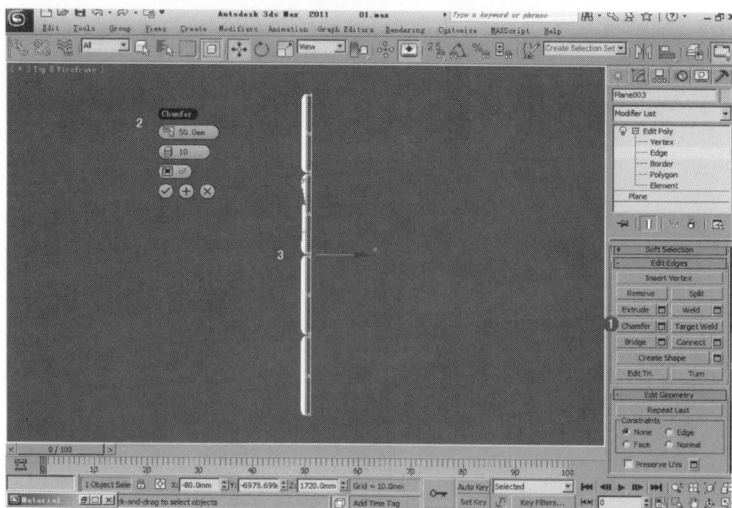

图3-79

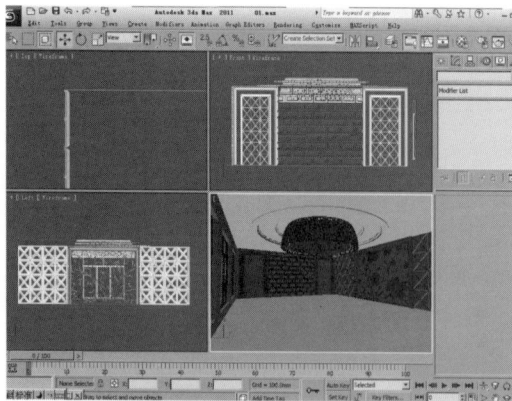

图3-80

3ds Max 室内灯光渲染

4.1

VRay渲染设置

课 时 安 排	5课时
实 训 目 标	本单元通过讲解VRay渲染器的基本知识以及主要参数设置，使学生掌握渲染测试和渲染出图的特点和技巧，并在以后实际空间效果图表现的制作和训练中，能够根据实际情况灵活应用。

4.1.1　认识VRay渲染器

（1）VRay渲染器的工作原理

VRay渲染器的工作原理主要基于global illumination（全局照明），全局照明是一种使用间接照明来模拟真实光影效果的技术。焦散效果表现是VRay渲染器的强项，此外，VRay渲染器还提供了景深、运动模糊、三角面置换等高级效果。由于操作简便，渲染速度快，VRay渲染器已被广泛应用于室内效果图、建筑效果图以及商业广告等领域。VRay利用间接照明来体现全局光照的效果，用户可以在3ds Max场景中创建一盏灯光作为场景的主光源，然后开启间接照明功能，通过设置光线反弹次数来控制照明的强度，从而使光线布满整个场景。

（2）安装VRay渲染器

VRay渲染器是3ds Max的一个外挂渲染插件，需要另外安装，具体操作步骤如图4-1所示。

图4-1

4.1.2　VRay渲染测试参数设置

（1）设置测试渲染图像的大小

在主工具栏上点击 渲染设置（或使用快捷键F10），在弹出对话框中选择V-Ray，然后展开V-Ray菜单下的Frame Buffer（帧缓存）展栏，勾选Enable built-in Frame Buffer（启用内置缓存帧），同时取消勾选Get Resolution from Max（从Max获取分辨率），设置输出分辨率为640×480，如图4-2所示。

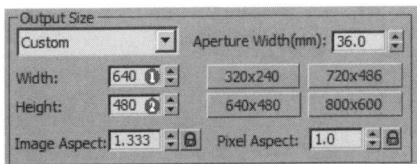

图4-2

技巧：使用VRay帧缓存，是因为它有鼠标跟踪渲染功能，可以提前渲染我们想看到的部分，提高工作效率。

（2）全局光开关设置

按快捷键F10打开渲染对话框，进入 V-Ray 面板，在 V-Ray:: Global switches（全局 光开关）卷展栏中设置全局光，如图4-3所示。

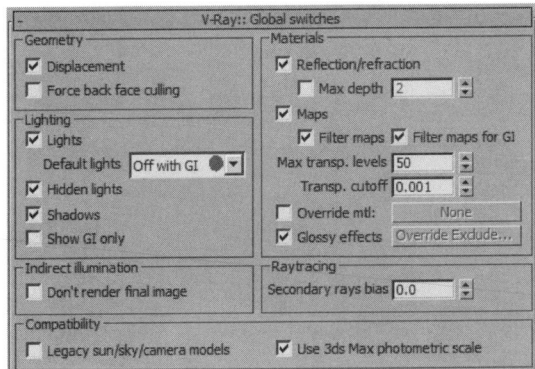

图4-3

技巧：关闭反射/折射、贴图、光泽效果选项主要是为了关闭材质的反射/折射 Reflection/refraction 、贴图 Maps 等属性，在初级渲染中主要是看光照效果而不是材质属性，减少材质的属性可以减少渲染时间。

（3）图像采样设置

在卷展栏中设置图像采样器类型为Fixed（固定），如图4-4所示。

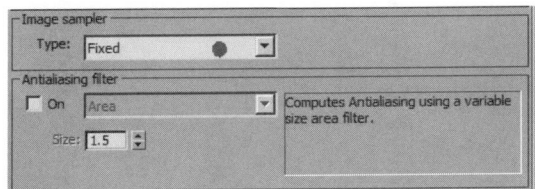

图4-4

技巧：采用Fixed（固定）和Antialiasing Filter（抗锯齿过滤）使用默认的Area（区域）是因为这种模式占用内存小，可以提高工作效率。

（4）设置V-Ray 环境

打开V-Ray::Environment（环境）展栏。在GI Environment（skylight） override（全局照明环境（天光）覆盖）下勾选开启天光，并将天光颜色设置为H:150、S:50、V:255。 GI Environment（全局环境）选项组主要用来控制环境天光，如图4-5所示。

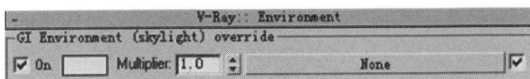

图4-5

技巧：选项组中的Multiplier（倍增）参数可以用来控制天光的强度，数值越高，场景越亮。选项组中还可以为天光指定贴图，指定贴图后，天光的颜色将由贴图来控制。

（5）颜色映射设置

在卷展栏中设置Type（类型）为Linear multiply（线性倍增），这是默认使用的曝光类型。设置Gamma（伽马值）为1.2，Gamma的作用是可以把场景整体提亮，如图4-6所示。

技巧：使用Linear multiply（线性倍增）后，在靠近光源的地方会产生曝光效果。如果曝光太强，可以选择其他Exponential（指数）曝光类型，如HSV Exponential（HSV指数）模式或Reinhard（混合）曝光模式。

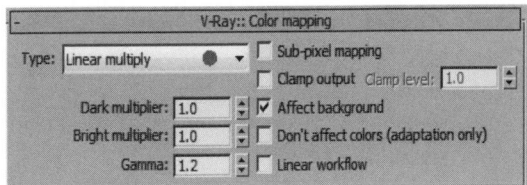

图4-6

（6）间接照明设置

在卷展栏中，设置间接照明一次反弹类型为Irradiance map（发光贴图），二次反弹类型为Light cache（灯光缓存），如图4-7所示。

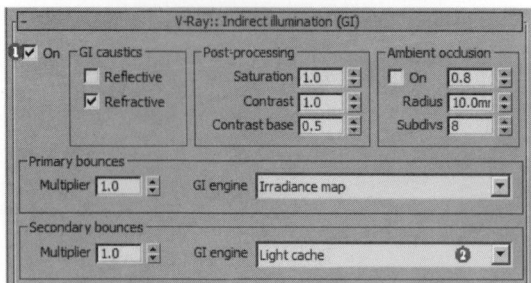

图4-7

（7）发光贴图设置

在卷展栏中设置发光贴图渲染参数，如图4-8所示。

技巧：在设置参数时，勾选 Show calc. phase ☑ 选项可

以显示渲染的计算过程。

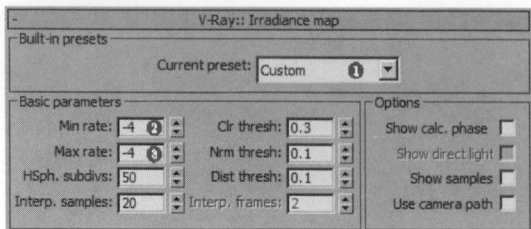

图4-8

（8）灯光缓存设置

在卷展栏中设置灯光缓存渲染参数Subdivs（细分）值为100，如图4-9所示。

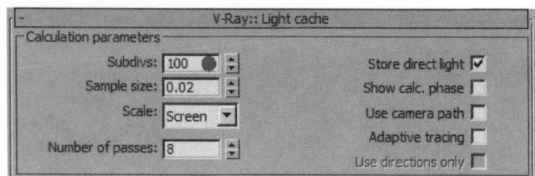

图4-9

4.1.3　认识VRay渲染器

（1）设置光子图的尺寸

在Common（公用）下Basic parameters（输出大小）中把测试图像大小设置为600×400，如图4-10所示。

技巧：先渲染小尺寸的Irradiance map（发光贴图）及Light cache（灯光缓存）的光子贴图，保存后准备调用，这样可以节约很多的时间。

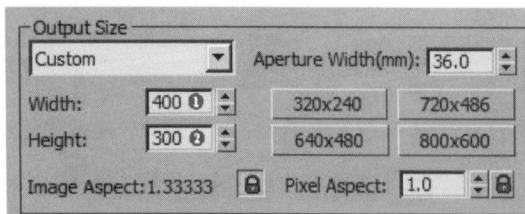

图4-10

（2）图像采样设置

在卷展栏中设置图像采样器类型，如图4-11所示。

（3）颜色映射设置

在卷展栏中将V-Ray::Color mapping设置为曝光模式为Exponential（指数）类型，Exponential（指数）是Linear multiply（线性倍

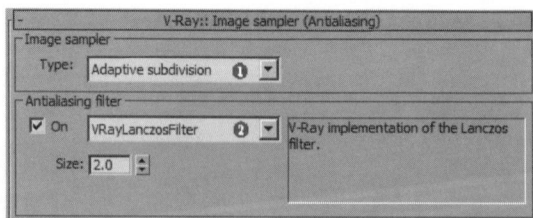

图4-11

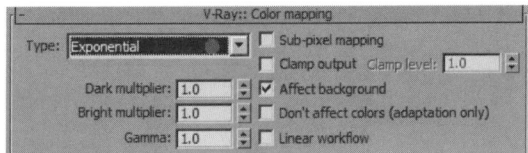

图4-12

增）的优化模式，它可以降低靠近光源处的曝光效果，如图4-12所示。

技巧：HSV Exponential（HSV指数）模式和Exponential（指数）模式类似，但它会保留图像的色彩饱和度，而且不进行高光的计算，可以更好地消除曝光效果；Reinhard（混合）曝光模式是一种新的曝光类型，它可以把线性和指数曝光结合起来。

（4）间接照明设置

在V-Ray::Indirect illumination（GI）卷展栏中，设置间接照明一次反弹类型为Irradiance map（发光贴图），二次反弹类型为Light cache（灯光缓存），这项和草图设置一样，如图4-13所示。

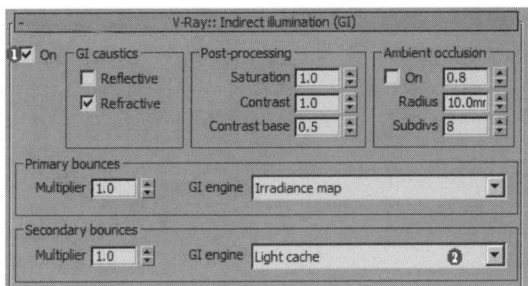

图4-13

（5）发光贴图设置

打开V-Ray::Irradiance map（发光贴图）展栏，在Built-in presets（内置预设）选项的Current preset（当前预置）下拉表中选取Custom（自定义），并设置相关参数。在Options（选项）下勾选Show calc.phase（显示

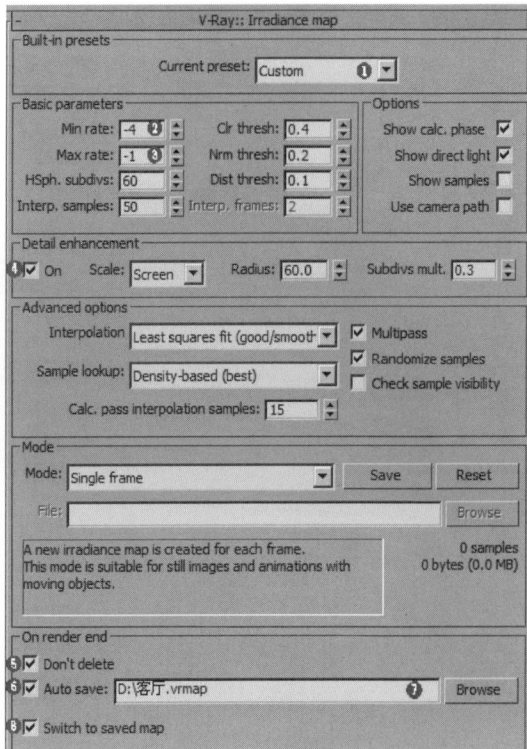

图4-14

计算过程）选项。最后在On render end（渲染结束时光子处理）中勾选Auto save（自动保存），点击Browse（预览）按钮，在弹出的窗口中命名并将光子贴图文件保存到一个指定的文件夹里，如图4-14所示。

（6）灯光缓存设置

打开V-Ray::Light cache（灯光缓冲）卷展栏，在Calculation parameters（计算参数）中设置Subdivs（细分）参数为1000，并将Number of passes（进程数量）改为4，再勾选Store direct light（保存直接光）和Show calc.phase（显示计算过程）两个选项，然后在Reconstruction parameters（重建参数）下勾选Pre-frame（预先过滤）。在On render end（渲染结束时光子处理）中勾选Auto save（自动保存），点击Browse（预览）按钮，在弹出的窗口中命名并将

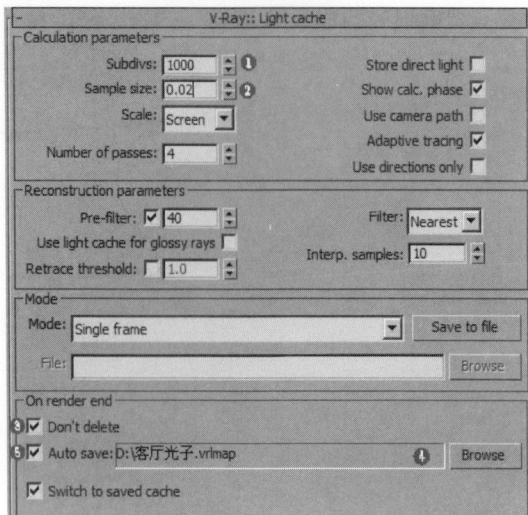

图4-15

光子贴图文件保存到一个指定的文件夹里，如图4-15所示。

（7）DMC采样器设置

打开V-Ray::QMC Sampler（QMC采样器）卷展栏，将Adaptive amount（自适应数量）设置为0.8，Noise threshold（噪波阈值）设置为0.001，Min samples（最小采样值）设置为10，如图4-16所示。

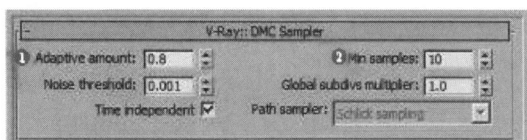

图4-16

（8）渲染光子图

设置完毕后，单击 （渲染）图标对场景进行渲染。

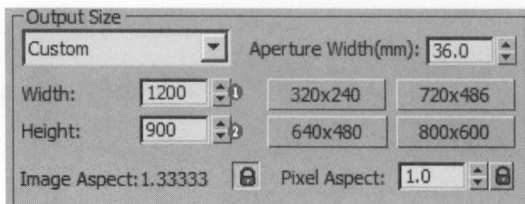

图4-17

（9）渲染大图

在 Common （公用）菜单下的 Basic parameters （输出大小）中把测试图像大小设置为1200×900，分别调用在 V-Ray:: Irradiance map （发光贴图）和 V-Ray:: Light cache （灯光缓存）保存的光子图进行大图渲染，如图4-17所示。

（10）制作色彩通道

使用 VRayWireColor （VRay线框色）制作色彩通道，如图4-18所示。

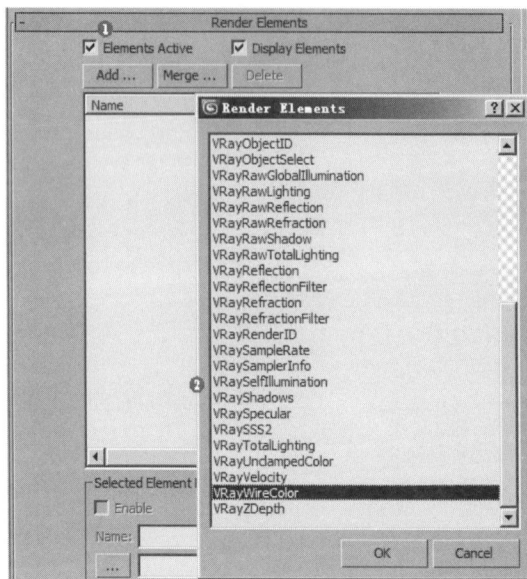

图4-18

4.2

3ds Max 室内灯光渲染

课时安排	5课时
实训目标	本单元将通过客厅效果图的制作来学习室内自然采光与人工照明的参数设置，重点学习V-Ray Environment（VRay环境光）、VRay太阳光、VRay灯光、光度学Web和VRayLightMtl（VR灯光材质）的使用及其参数设置。

4.2.1　实训任务要求

在原来客厅室内空间建模的基础上，进行天花、墙面和地面的材质表现，同时对室内灯光进行渲染，如图4-19所示。

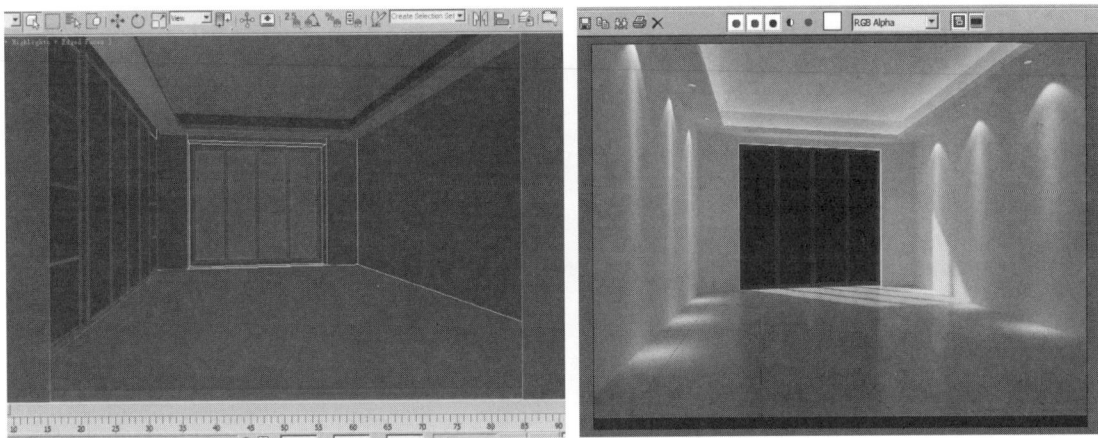

图4-19

4.2.2　客厅环境光效果

（1）打开文件

打开随书光盘中的"源文件素材/3.1 客厅室内空间模型"文件。

（2）VRayMtl材质表现

①编辑白色乳胶漆天花材质

a.选择天花，点击█（材质编辑器），选空的材质球并命名为"天花"，指定VRayMtl材质。设置Diffuse（漫反射）的颜色和Reflect（反射）的相关参数，给相应物体指定材质，如图4-20所示。

图4-20

②编辑瓷砖地板材质

a.选择地板，按Alt+Q组合键孤立地板物体，选择█（材质编辑器），点击空的材质球，命名为"地板"，指定VRayMtl材质，如图4-21所示。

b．单击 Diffuse █ M（漫反射）右侧的按钮，双击█ Bitmap（位图），选择"瓷砖地板.jpg"贴图，设置Reflect（反射）相关参数，给相应物体指定材质，如图4-22所示。

图4-21

图4-22

c.点击（修改命令）卷展栏菜单下的 Modifier List （修改器列表）命令，点击 UVW Map （UVW贴图），在面板中调整"UVW贴图"的大小，使瓷砖地板贴图上的纹理和实物相同，如图4-23所示。

（3）设置天光

单击创建面板中的（灯光）界面，在下拉列表框中选择VRay，然后单击 VRayLight （VR光源）按钮，在前视图中拖曳鼠标创建灯光，并调整它的位置和光照方向，如图4-24所示。

技巧：使用 VRayLight 来模拟天光，比VRay自带的VRay天光的阴影质量更好。我们也可以直接在 V-Ray::Environment （环境）里设置天光。

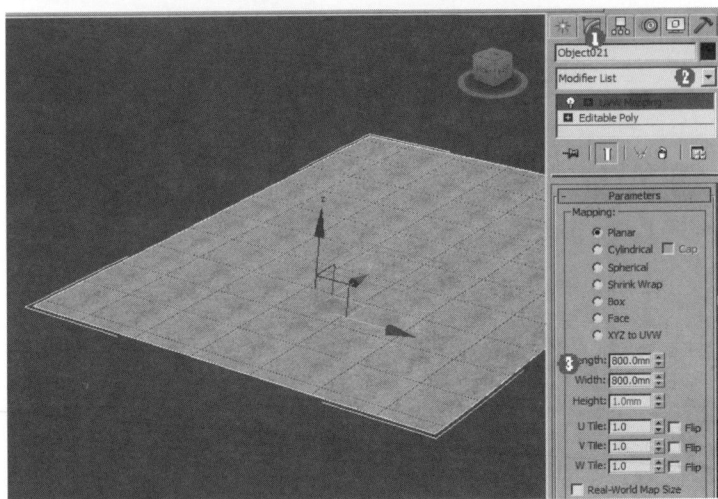

图4-23

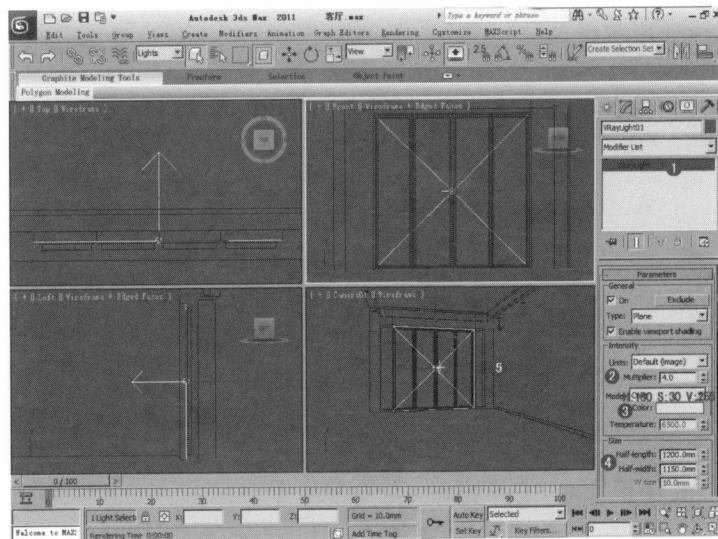

图4-24

（4）进行VRay渲染

①按F10键，打开渲染场景窗口，然后将VRay指定为当前渲染器。

②按Shift+Q组合键，快速渲染摄像机视图，效果如图4-25所示。

（5）保存文件

单击菜单栏中文件/另存为命令，将文件保存为"4.2.2 客厅天光效果"。

图4-25

4.2.3　客厅太阳光效果

（1）打开文件

打开随书光盘中的"4.2.2 客厅天光效果"文件。

（2）设置太阳光

单击创建面板中的 （灯光），在顶视图中拖动鼠标创建一盏VRay阳光，在各视图中调整它的位置，将灯光的强度倍增器设置为0.02，大小倍增器设置为5，如图4-26所示。

技巧：在VRay阳光参数设置中，浊度值越低太阳光越干净越晴朗，数值越大越接近黄昏效果。大小倍增器数值越大，阴影的边缘越模糊。

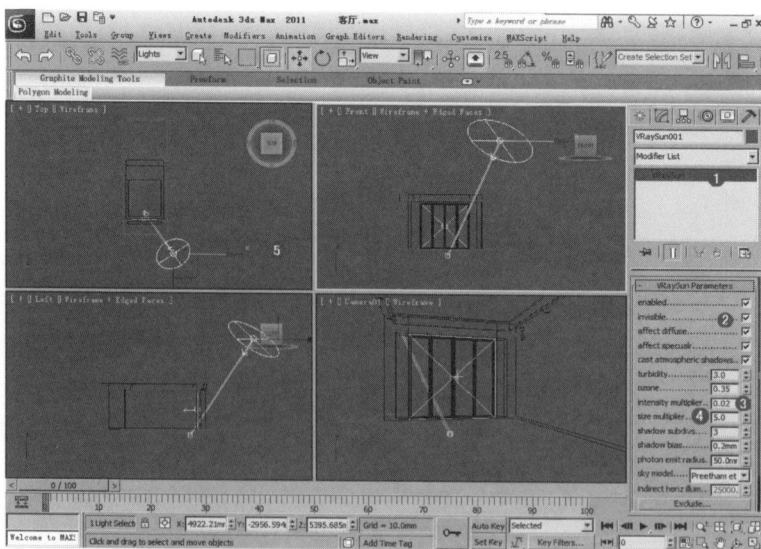

图4-26

我们也可以直接用VRay灯光中的平面
光源来增加太阳光的光照效果。

（3）进行VRay渲染

　　①按F10键，打开渲染场景窗口，
将VRay指定为当前渲染器。

　　②按Shift+Q组合键，快速渲染摄
像机视图，效果如图4-27所示。

（4）保存文件

　　单击菜单栏中的文件/另存为命
令，将文件保存为"4.2.3 客厅天空光+
太阳光效果"。

图4-27

4.2.4　客厅人工光效果

（1）打开文件

　　打开随书光盘中的"4.2.3 客厅天空光+太阳
光效果"文件。

（2）设置直型灯槽光效

　　①点击 （灯光）/（目标灯光）按钮，在
顶视图中的灯槽位置创建一盏VRay平面灯光，将
它移动到合适的位置，将倍增器设置为4左右，颜
色设置为淡黄色，如图4-28所示。

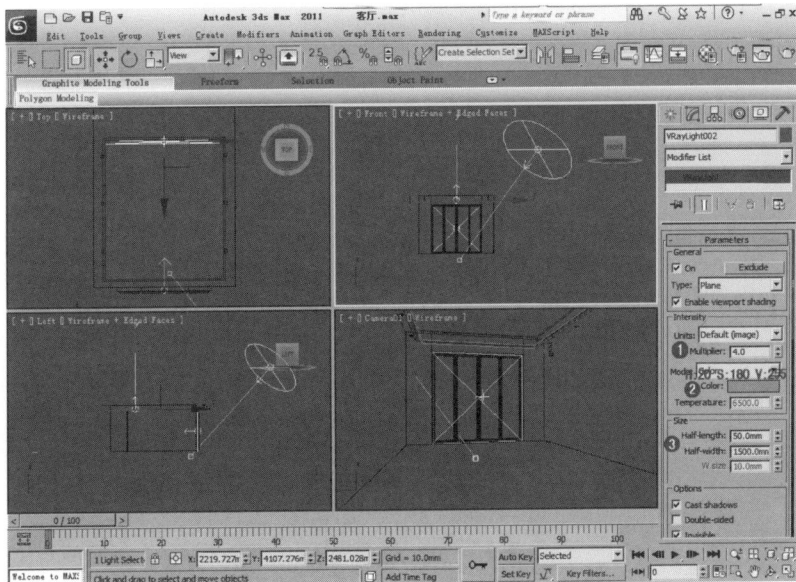

图4-28

技巧：我们在建立模型时，灯槽位置已经确定，可以采用捕捉命令准确定位灯槽的位置。

②在顶视图中沿X轴方向镜像一个灯光放在对应的灯槽中，再用旋转复制的方法复制出两个，用工具栏中的缩放工具沿X轴缩小，大小与灯槽相匹配就可以了。按Shift+Q组合键快速渲染摄像机视图，效果如图4-29所示。

技巧：如果是复杂的灯槽，可以采用VRay-LightMtl（VR灯光材质）来模拟灯光效果。方法如下：

a.按M键快速打开材质编辑器窗口，选择一个没有用过的材质球，将其命名为"灯带"，将当前的标准材质替换为VRayLightMtl（VR灯光材质），如图4-30所示。

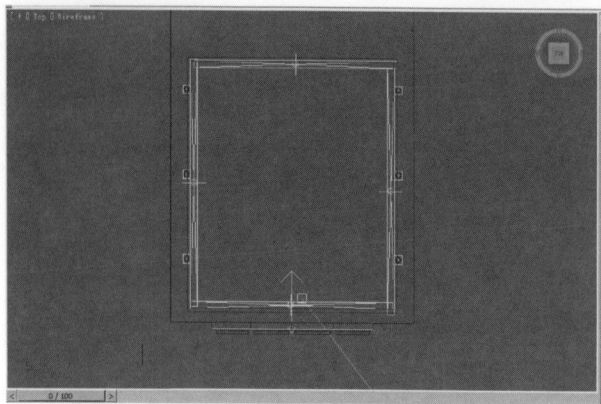

图4-29

图4-30

b.设置VRayLightMtl（VR灯光材质）的颜色为淡黄色，调整亮度到3左右，将调整好的灯光材质赋予用二维线渲染来模拟的灯带，进行快速渲染，效果如图4-31所示。

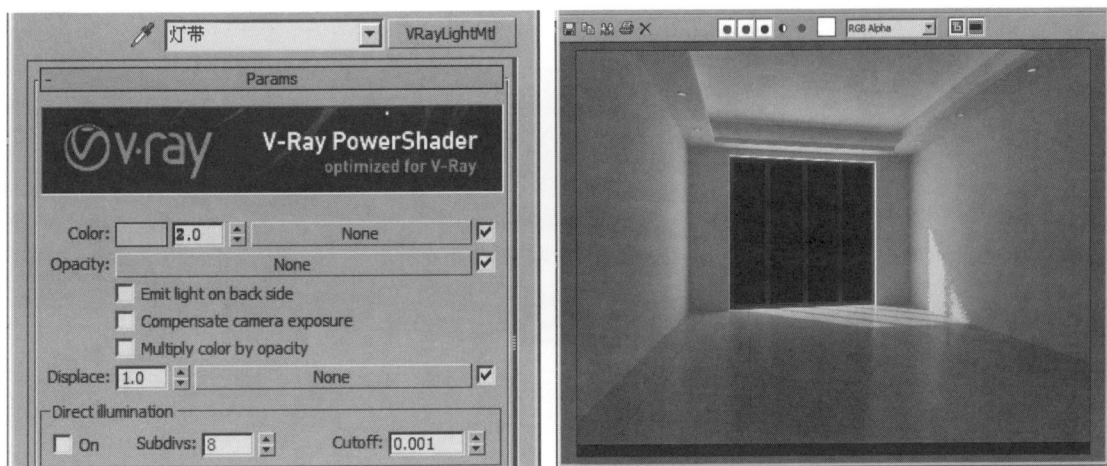

图4-31

（3）设置筒灯光效

①点击 ▨ （灯光）/（目标灯光）按钮，在前视图中拖动鼠标，创建一盏目标点光源，将它移动到灯的位置，如图4-32所示。

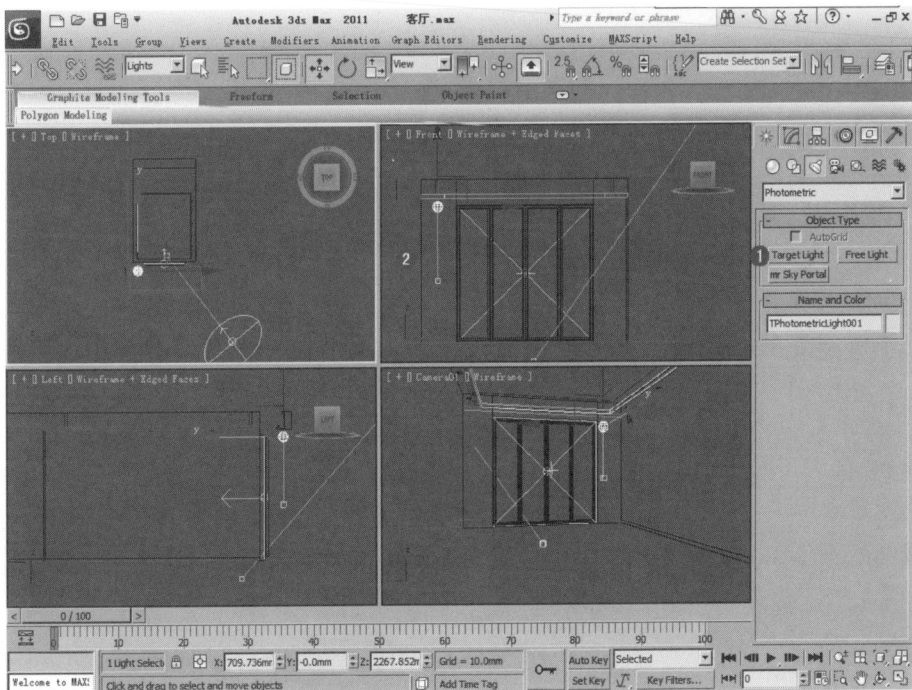

图4-32

②点击 （修改命令）按钮，进入修改命令面板并勾选阴影，选择VRay Shadow（VRay阴影），为目标点光源选择光度学Web选项，选择随书光盘"室内设计常用光域网"文件夹下的"射灯.ies"文件，如图4-33所示。

技巧：如果光域网默认的参数效果不理想，可以调整其倍增值，也可以更换其他光域网文件。

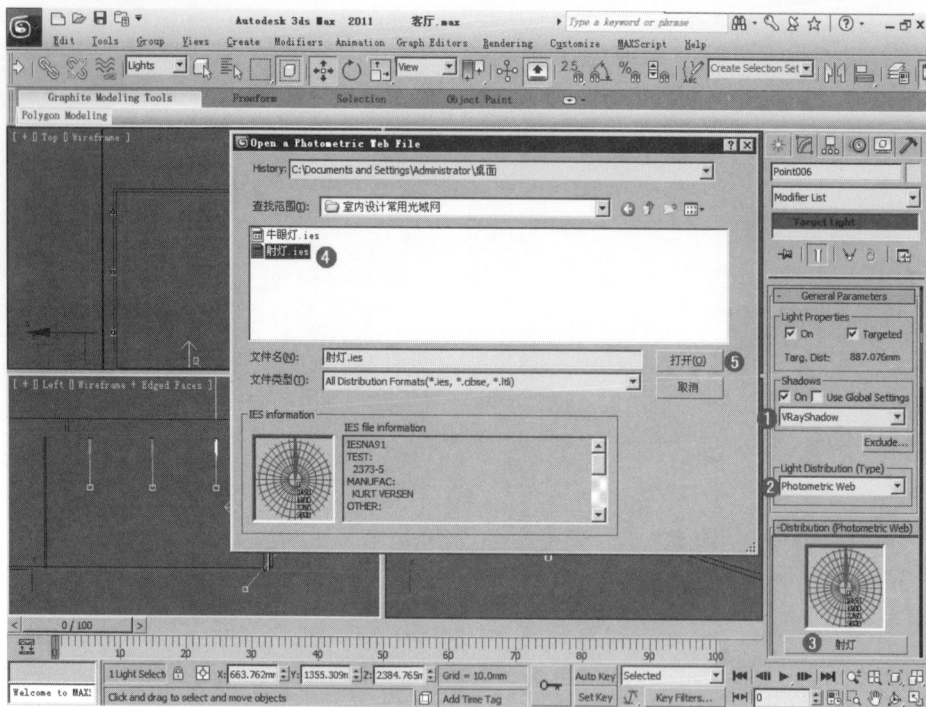

图4-33

③将目标点光源的强度设置为15000，然后在顶视图中用实例复制的方式进行复制，并移动到筒灯所在位置，按Shift+Q组合键快速渲染摄像机视图，效果如图4-34所示。

（4）保存文件

单击菜单栏中file（文件）/save as（另存为）命令，将文件保存为"4.2 3ds Max 室内灯光渲染"。

图4-34

chapter 5

室内空间项目综合实训

Design

5.1

客厅效果图表现与实训

课时安排	5课时
实训目标	本实例讲解的是客厅效果图的制作，结合空间功能与照明设计要求，须重点掌握VR面光源、VR光域网的应用；结合室内设计材料掌握瓷砖地板、墙纸、布料、乳胶漆等材质的应用；掌握客厅效果图的渲染与输出；掌握客厅效果图后期处理等综合应用技能。

5.1.1　实训任务要求

在原来客厅室内空间建模的基础上，合并客厅家具，设置灯光，使用VRay渲染出图，完成客厅效果图的制作与表现，并进行后期处理，如图5-1所示。

图5-1

5.1.2　客厅效果图表现实训步骤

（1）合并家具

打开随书光盘中的"源文件素材/3.1 客厅室内空间模型"，根据设计要求编辑好需要合并的模型，再使用3ds Max菜单栏中的Merge（合并）将所需要的模型合并到建立好的客厅场景中，如图5-2所示。

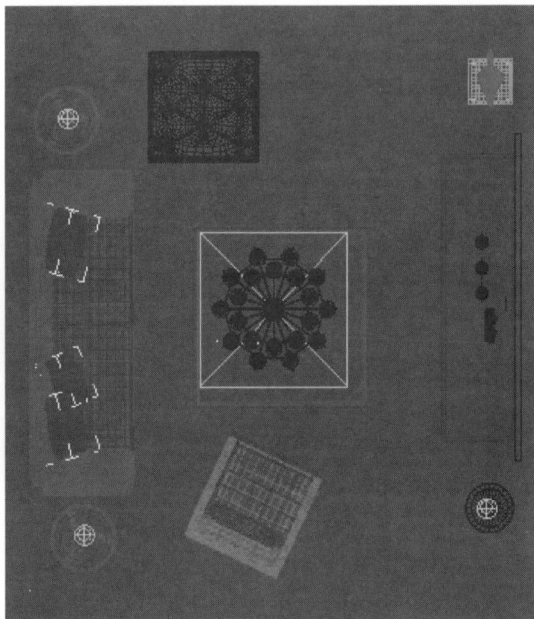

图5-2

技巧： 为了便于控制复杂的场景，我们可以先制作场景的空间模型，然后在另一个文件中制作该场景的家具，最后再合并为一个文件。对于合并或在网上下载的家具素材，有的已经将材质赋予好了，如果想改变材质的纹理或颜色，使用材质编辑器中吸管工具点击家具，材质就会加到当前激活的材质球上。调整材质球后家具的材质就会跟着改变。

（2）编辑客厅材质

①客厅材料说明

一般客厅中常采用的地面材料是木地板、瓷砖，墙面常采用墙纸、乳胶漆、瓷砖、石材、木材、玻璃、皮革等。该实例所用的主材如图5-3所示。

黑檀木

瓷砖

墙纸

皮革

不锈钢

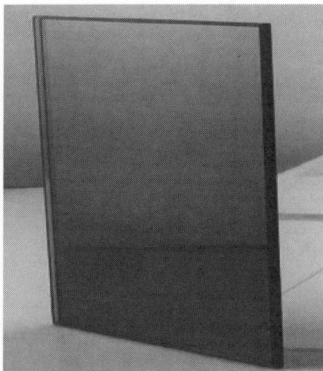

玻璃

图5-3

②编辑白色乳胶漆天花材质

乳胶漆材质在"4.2 3ds Max 室内灯光渲染"VRayMtl材质表现中已经讲解，这里不再重复。

③编辑瓷砖地板材质

瓷砖材质在"4.2 3ds Max室内灯光渲染"VRayMtl材质表现中已经讲解，这里不再重复。

④编辑墙壁材质

a.选择墙壁，点击 ▓（材质编辑器），选空的材质球，命名为"墙壁"，指定为 ▓ Blend（混合）材质。点击 Mask: Map #3 (6811111.jpg)，选择 ▓ Bitmap（位图），选择墙纸贴图，给相应物体指定材质，如图5-4所示。

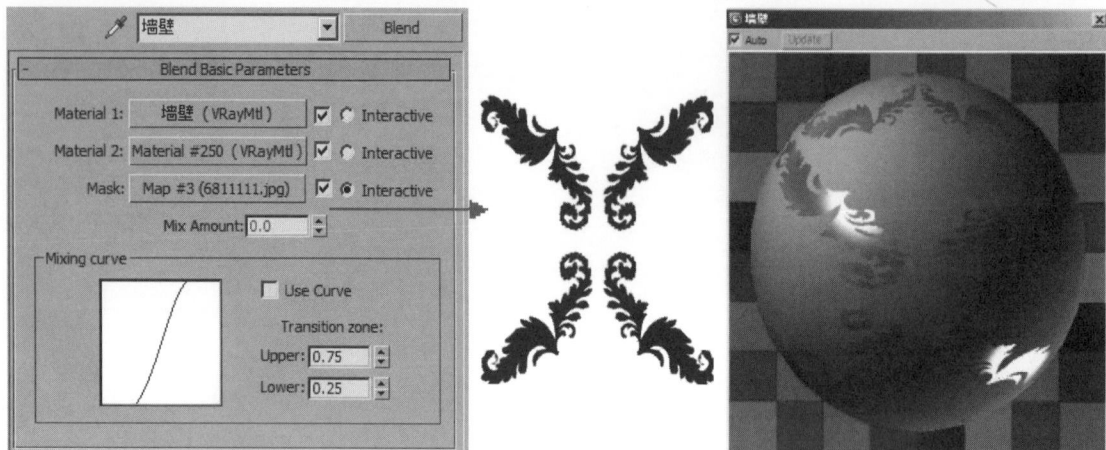

图5-4

b.分别点击 Material 1: 墙壁（VRayMtl）按钮和 Material 2: Material #250（VRayMtl）按钮，指定VRayMtl材质，设置Diffuse（漫反射）的颜色和Reflect（反射）的相关参数，如图5-5所示。

图5-5

⑤编辑黑不锈钢材质

选择推拉门框和电视墙不锈钢框，点击 （材质编辑器），选空的材质球，命名为"黑不锈钢材质"。指定VRayMtl材质，设置Diffuse（漫反射）的颜色和Reflect（反射）的相关参数，给相应物体指定材质，如图5-6所示。

图5-6

⑥编辑窗帘材质

选择窗帘，点击 （材质编辑器），选空的材质球，命名为"窗帘"。指定VRayMtl材质，设置Diffuse（漫反射）的颜色和Reflect（反射）的相关参数，给相应物体指定材质，如图5-7所示。

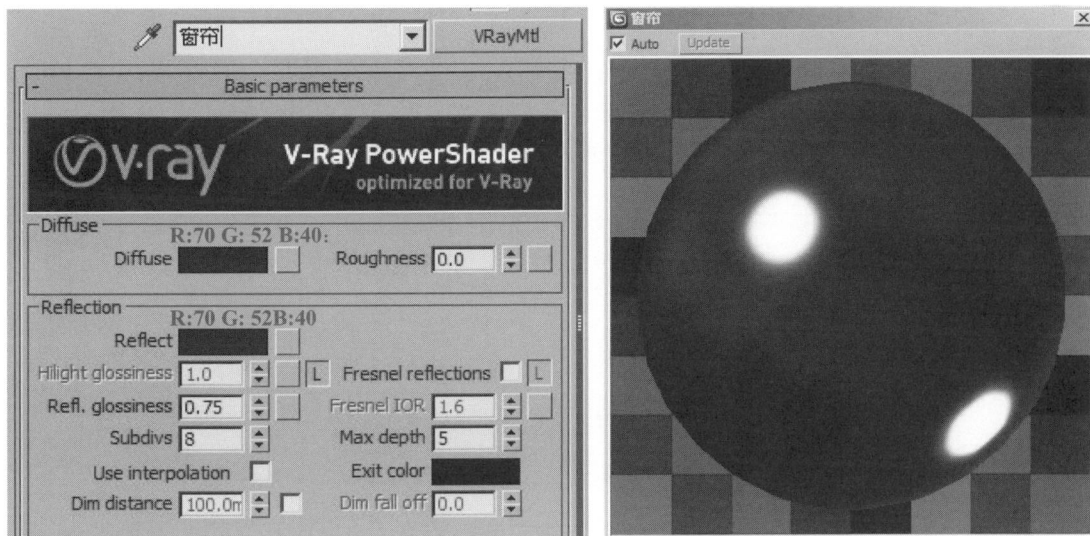

图5-7

⑦**编辑半透明纱帘材质**

选择纱帘，点击 （材质编辑器），选空的材质球，命名为"纱帘"，指定VRayMtl材质。设置Refraction（透明）的相关参数，给相应物体指定材质，如图5-8所示。

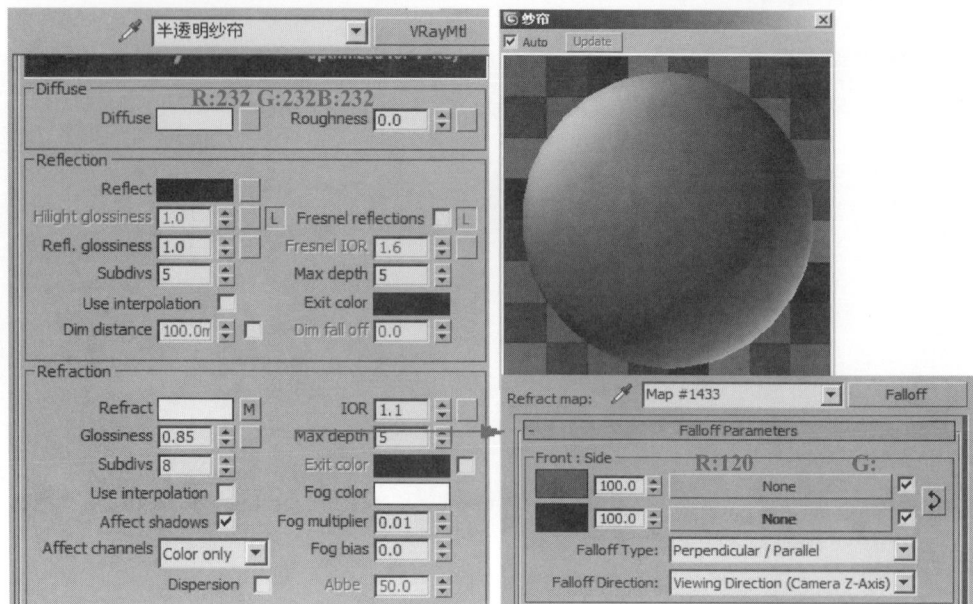

图5-8

⑧**编辑镜子材质**

选择镜子，点击（材质编辑器），选空的材质球，命名为"镜子"，指定VRayMtl材质。设置Diffuse（漫反射）的颜色和Reflect（反射）的相关参数，给相应物体指定材质，如图5-9所示。

图5-9

⑨**编辑硬包材质**

选择沙发，点击（材质编辑器），选空的材质球，命名为"硬包"，指定VRayMtl材质。设置Diffuse（漫反射）的颜色和Reflect（反射）的相关参数，给相应物体指定材质。最后在Bump（凹凸）通道上加上"凹凸.jpg"，给相应物体指定材质，如图5-10所示。

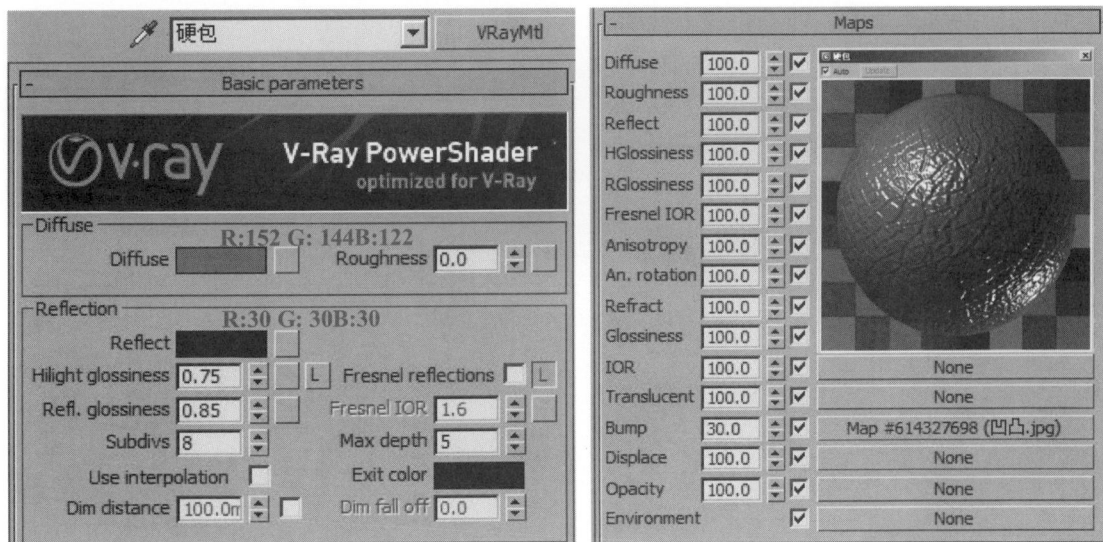

图5-10

⑩**编辑窗外环境材质**

选择窗外环境模型，点击（材质编辑器），选空的材质球，命名为"窗外环境"。选择VRayLightMtl（VR自发光）材质，设置Color（颜色）的相关参数，给相应物体指定材质，如图5-11所示。

图5-11

（3）制作材质库

①按M键快速打开Material Editor（材质编辑器），选择第一个材质球。设置完材质的参数后，点击 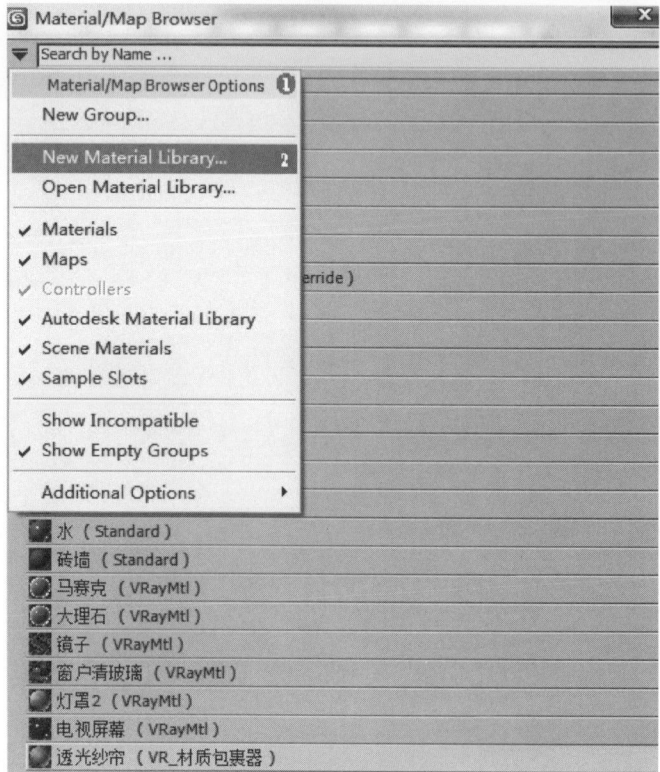（获取材质）按钮，在弹出的Material/Map Browser（材质/贴图浏览器）对话框中，单击左上角的 ▼ 按钮，点击NEW Material Library（新材质库），如图5-12所示。

②在弹出的Create NEW Material Library（创建新材质库）对话框中选择一个存储路径，在（文件名）中输入"室内常用材质库"，单击 保存(S) 按钮，如图5-13所示。

技巧： 在后面的材质操作中，可以直接调用材质库进行材质表现，无须一个个重新调节。

图5-12

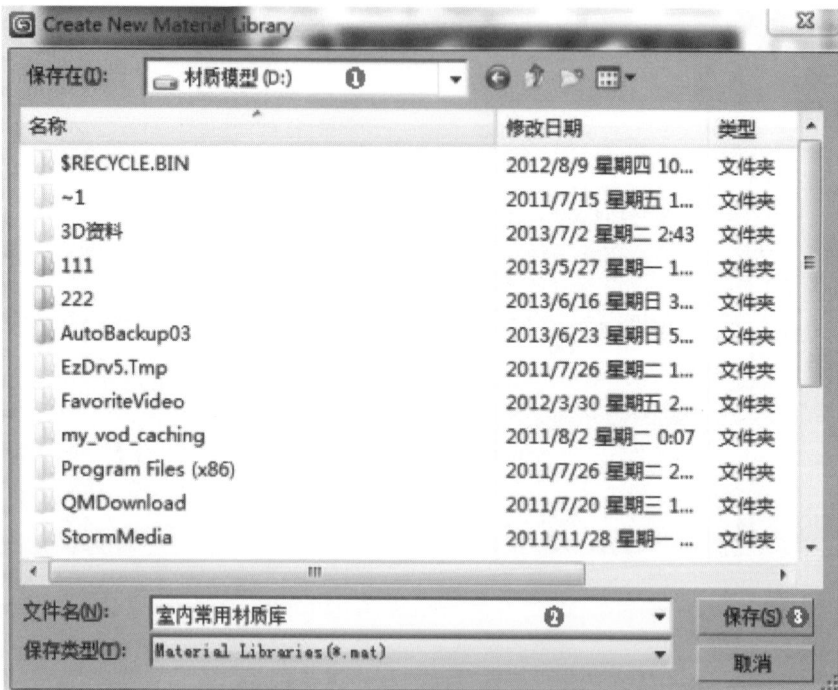

图5-13

（4）客厅灯光设置与渲染

①客厅光环境说明

该客厅效果图模拟的是白天效果，照明由天光与人工照明组成。客厅是待人接客的场所，需要营造一种温暖热烈的氛围。照度要求大于100lux，既显示明亮的环境，又营造一个宁静高雅的环境；色温一般为3000K~4000K，显示出居住空间温馨的空间氛围和效果；显色性大于80，能体现舒适的照明效果。人工照明主要是由筒灯和暗藏灯带组成。空间场景材质设置完成后，进行场景中灯光的布置。场景的灯光应按由主到次、由室外至室内的顺序进行布光。

②进行渲染测试参数设置

关于渲染测试参数设置，参照"4.1.2 VRay渲染测试参数设置"。

③ 设置天光

a.设置主光源。选择 VRayLight （VR光源）在前视图中创建模拟天光，并调整灯光的位置和光照方向。设置完毕后单击 （渲染）图标，进行初步渲染。观察场景中主光源产生的光线是否合适，如图5-14所示。

图5-14

④设置人工照明灯

a.设置筒灯灯光。按Alt+Q组合键孤立选择筒灯模型，单击 （创建）"面板中的 （灯光）界面，在下拉列表框中选择 Photometric （光度学）下的 Target Light （目标点光源），运用 Instance 关联复制的方式复制目标点光源。选择目标点光源，设置相应的光域网，如图5-15所示。

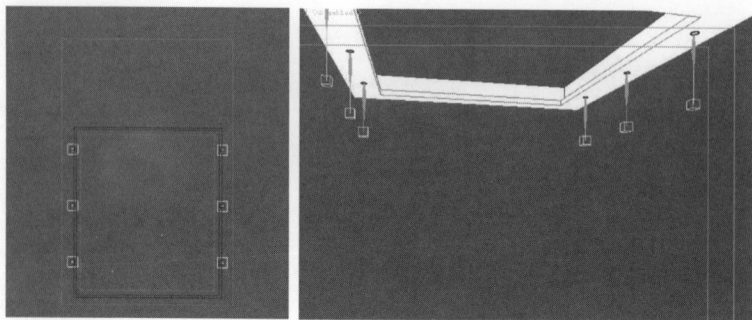

图5-15

b.单击 🖼 （渲染）对场景进行渲染，如图5-16所示。

图5-16

c.设置吊顶灯槽灯光，按Alt+Q组合键孤立选择吊顶模型，单击 🖼 （创建）面板中的 🖼 （灯光）界面，在下拉列表框中选择VRay，然后单击 VRayLight （VR光源）按钮，在顶视图中拖动鼠标进行创建，运用关联复制的方式复制光源并调整灯光的位置和光照向，如图5-17所示。

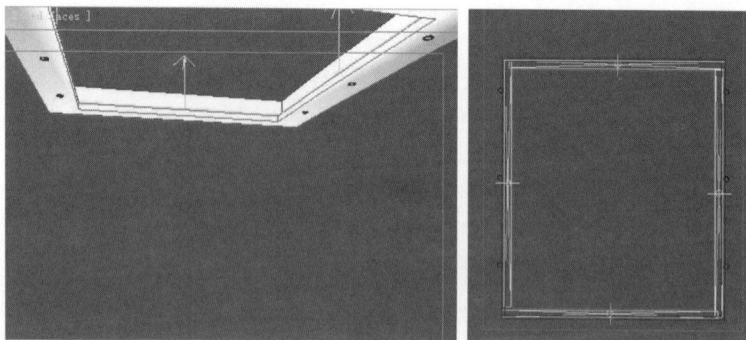

图5-17

　　d.选择VRay光源，设置相应的参数，如图5-18所示。

　　e.设置完毕后，单击 （渲染）对场景进行渲染，如图5-19所示。

　　f.设置台灯灯光。按Alt+Q组合键孤立选择台灯模型，单击 （创建）面板中的 （灯光）界面，在下拉列表框中选择VRay，然后单击 VRayLight （VR光源）按钮，在顶视图中拖动鼠标进行创建并调整灯光的位置。设置完毕后，单击 （渲染）对场景进行渲染，如图5-20所示。

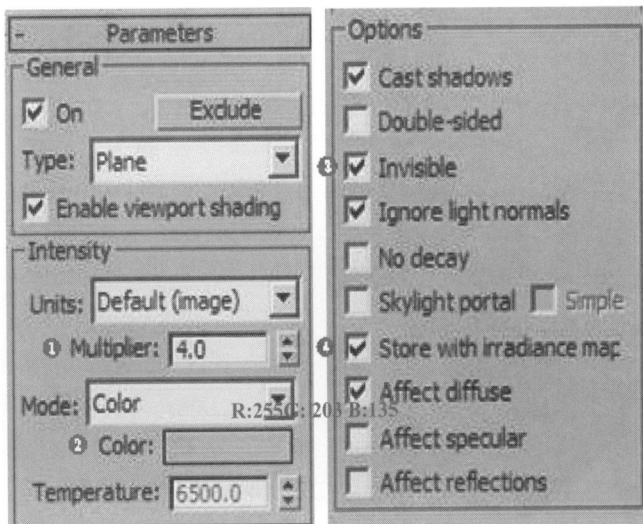

图5-18

图5-19

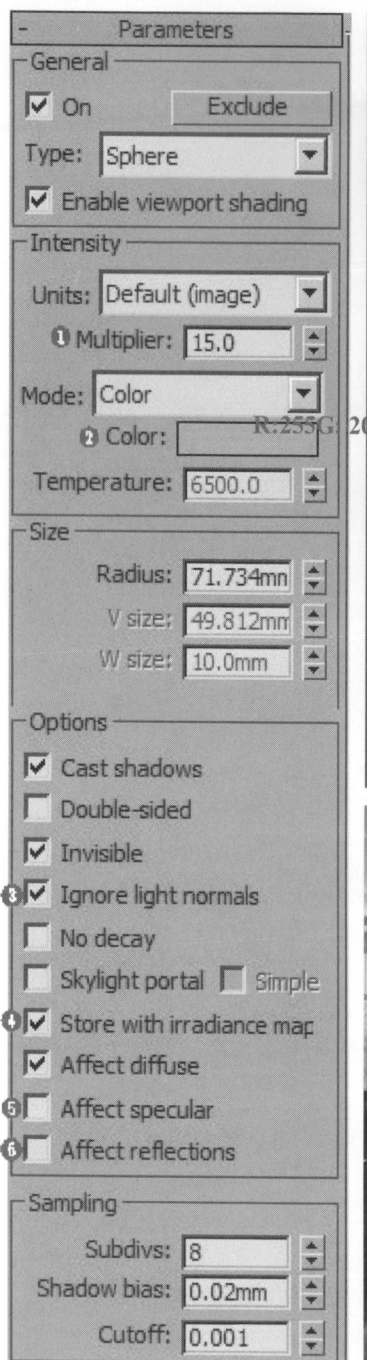

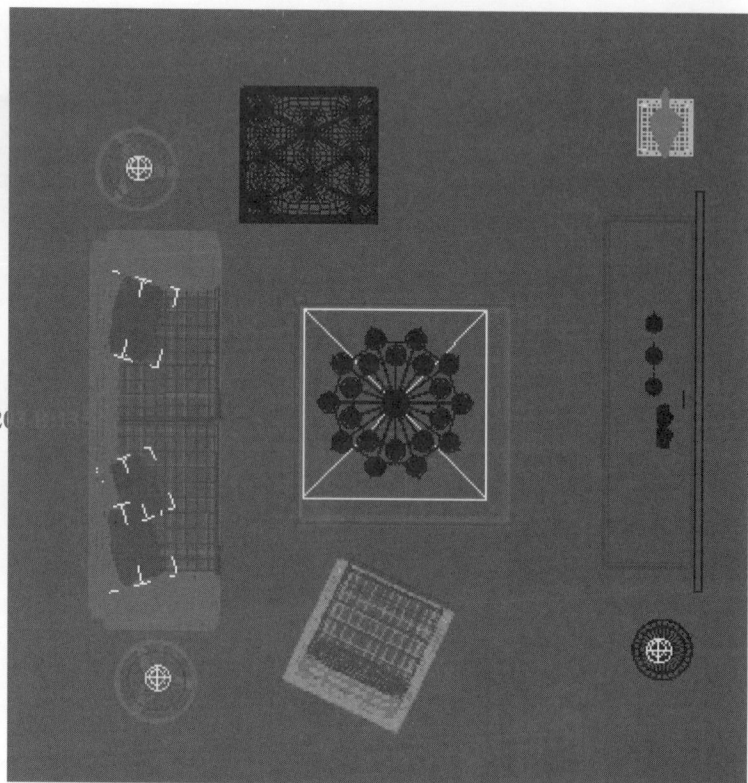

图5-20

⑤设置补光

在小沙发上方设置补光。按Alt+Q组合键孤立选择沙发模型，单击▨（创建）面板中的▨（灯光）界面，在下拉列表框中选择 Photometric（光度学）中的 Target Light （目标点光源）命令，然后单击设

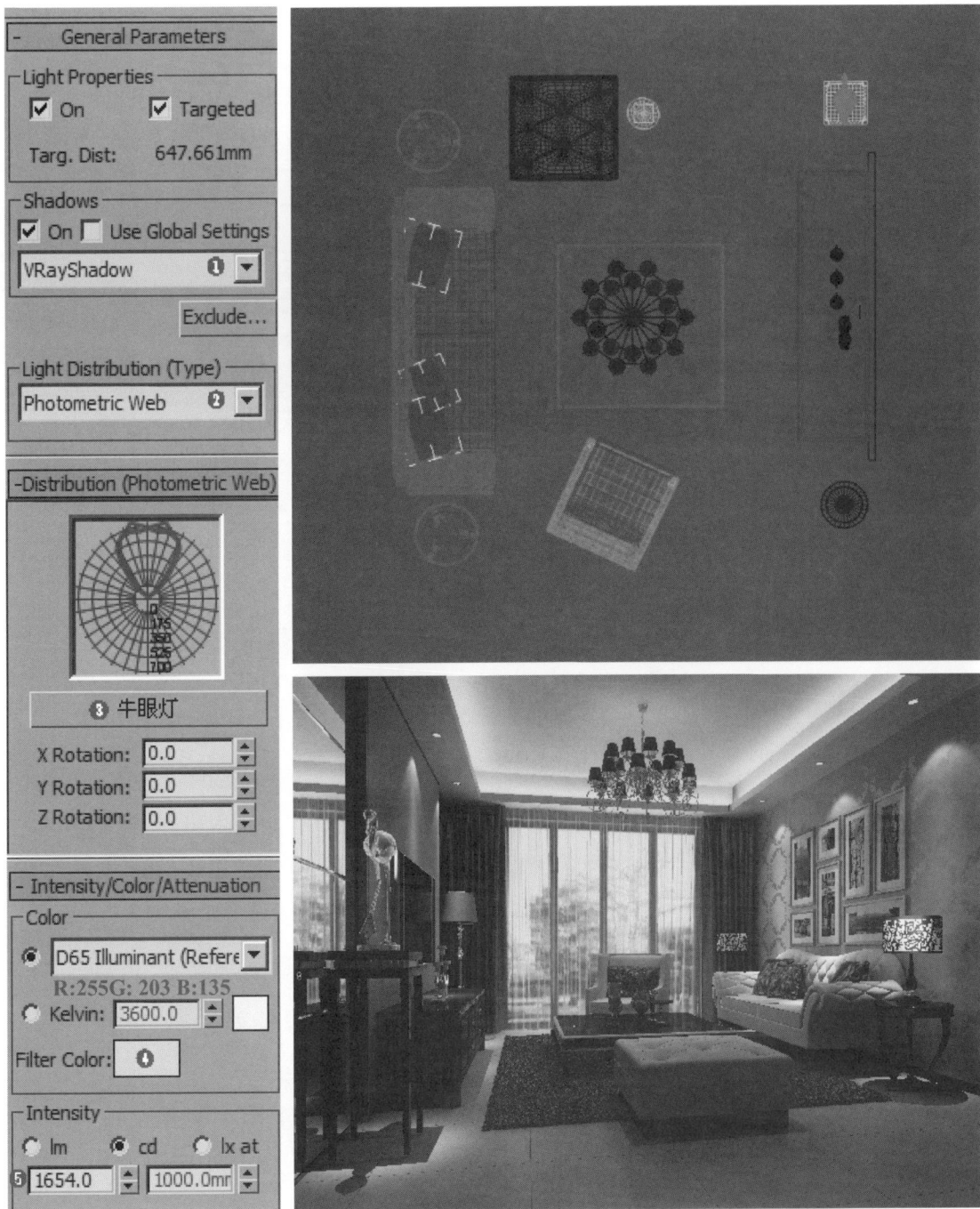

图5-21

置相应的光域网。所使用的光域网文件对应随书光盘中的"光域网\牛眼灯"。点光源设置完毕后，单击 ![icon]（渲染）图标对场景进行渲染，如图5-21所示。

⑥调整材质和模型

调整好灯光以后，须对场景的材质及模型作最后调整。观查草图，调整材质参数和模型的位置，调整后的效果基本可以正式出图，如图5-22所示。

图5-22

⑦渲染出图

按照前面章节中的方法，先渲染640×480小尺寸的 Irradiance map（发光贴图）及 Light cache（灯光缓存），保存后准备调用。设置完毕后，单击 📷（渲染）图标对场景进行渲染，最终结果如图5-23、5-24所示。

图5-23

图5-24

5.1.3　客厅效果图后期处理

（1）打开图层

打开Photoshop软件，将渲染好的成图和色彩通道图打开，再将成图所在的图层拖入色彩通道中，调整图层间的上下关系，如图5-25所示。

图5-25

（2）调节色彩和亮度

①调整画面色阶：观察画面发现整体偏暗发灰，先调节画面的色阶，如图5-26所示。

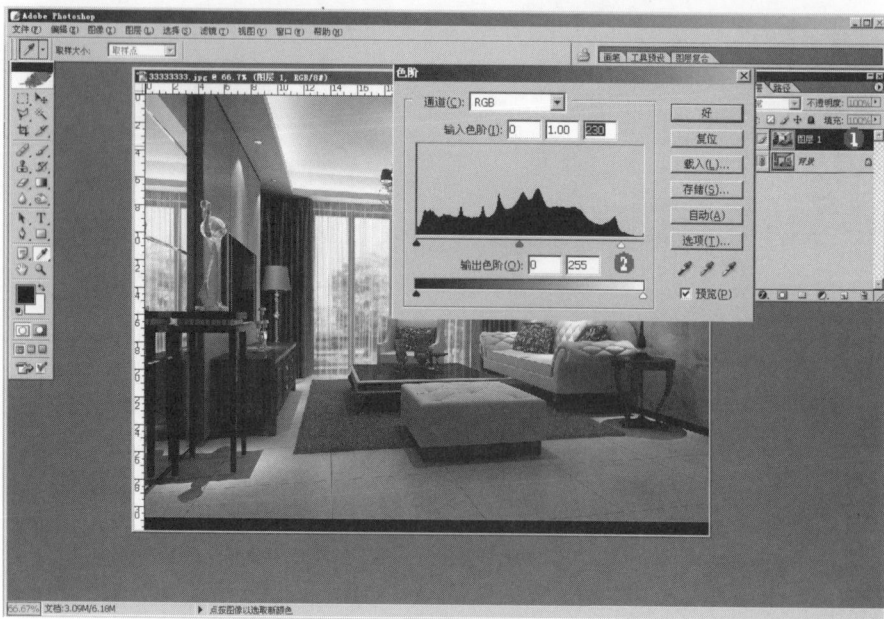

图5-26

②选择沙发：用 ✎ 魔棒工具在图层中点击沙发的部分，选中所有的沙发，如图5-27所示。

图5-27

③调节沙发亮度：单击图层1，按快捷键 Ctrl+J键复制出沙发图层，再按快捷键Ctrl+L 键调节沙发的亮度，如图5-28所示。

④调节地毯亮度：单击背景图层，用魔棒 工具在背景图层中点击地毯部分，选中所有的地毯，再按快捷键Ctrl+L键调节地毯的亮度，如图5-29所示。

⑤调节整体色彩：单击图层列表下的，再

图5-28

图5-29

次调整整体色彩平衡，如图5-30所示。

图5-30

（3）合并图层

按快捷键Ctrl+Shift+E键合并图层，用 ▣ 裁切工具裁去图边多余部分，进行二次构图，最终效果如图5-31所示。

图5-31

（4）保存文件

在 "文件"下拉菜单中选择"存储为"，在弹出窗口中重新输入文件名"5.1 客厅效果图"，并将文件格式改为JPEG格式，再在弹出窗口中将画面品质改为10以上并保存。

5.2

餐厅包厢效果图表现与实训

课时安排　5课时

实训目标　本实例讲解的是餐厅包厢效果图的制作，结合空间功能与照明设计要求，重点须掌握VR面光源、VR光域网的应用；结合室内设计材料掌握地毯、茶镜、硬包皮质、乳胶漆等材质的应用；掌握客厅效果图的渲染与输出；掌握客厅效果图后期处理等综合应用技能。

5.2.1　实训任务要求

在原来餐厅包厢室内空间建模的基础上，合并客厅家具，设置灯光，使用VRay渲染出图，完成客厅效果图的制作与表现，并进行后期处理，如图5-32所示。

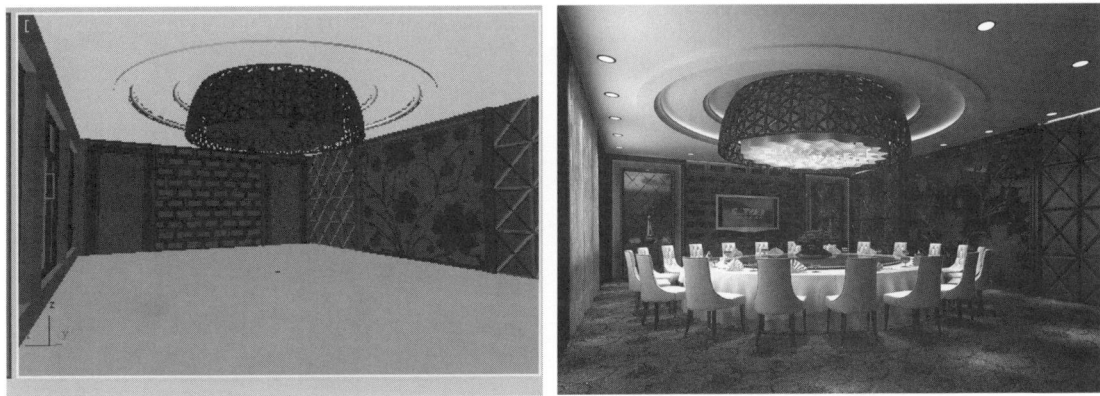

图5-32

5.2.2　餐厅包厢效果图表现实训步骤

（1）合并家具

打开随书光盘中的"源文件素材/3.2 餐厅包厢室内空间模型"，根据设计要求编辑好需要合并的模型，再使用3ds Max菜单栏中的Merge（合并）将所需要的模型合并到建立好的餐厅包厢场景中，如图5-33所示。

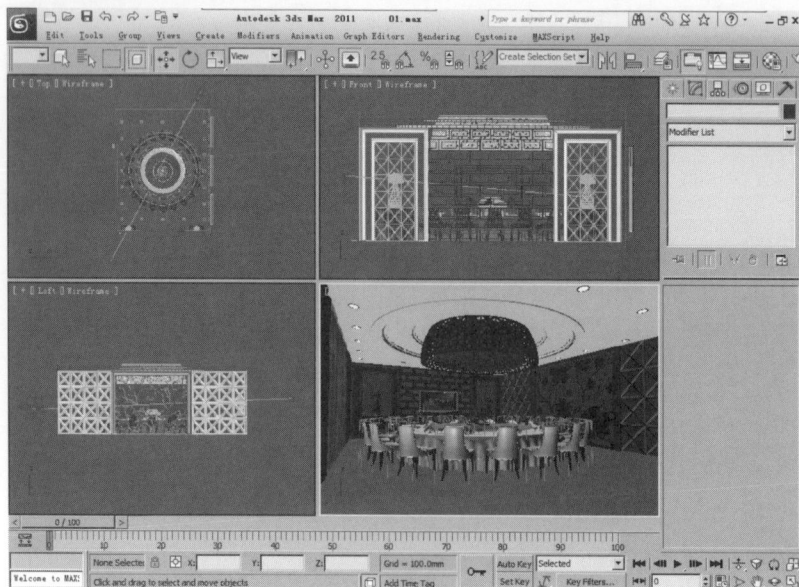

图5-33

（2）编辑餐厅包厢材质

①餐厅包厢材料说明

餐厅包厢应选择吸音性、隔音性好的装修材料，色彩图案有个性的墙纸，具有保温、吸音功能的地毯。柔软光亮的皮质、黑玻璃都是餐厅的理想材质。该实例所用的主材如图5-34所示。

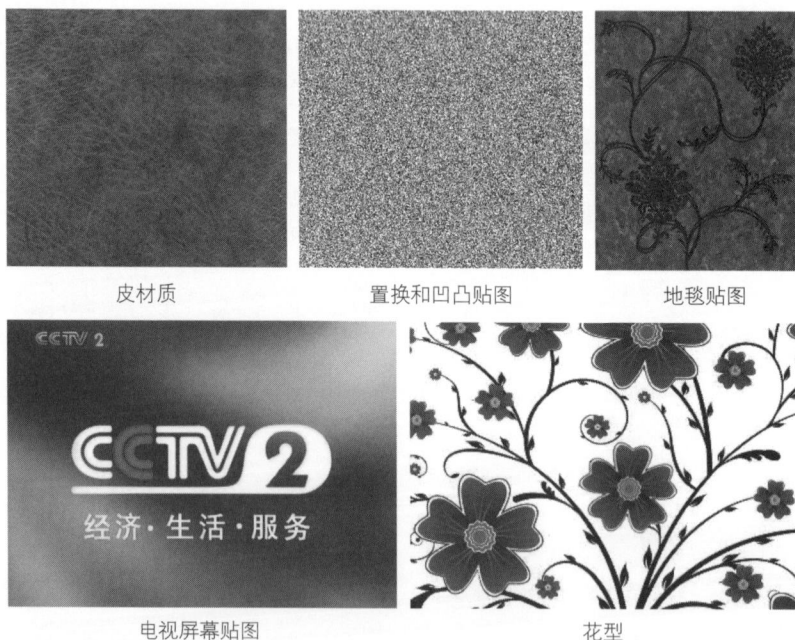

皮材质　　　　　　　　置换和凹凸贴图　　　　　　　地毯贴图

电视屏幕贴图　　　　　　　　　　　花型

图5-34

②调用材质库

a.按M键快速打开Material Editor（材质编辑器）。

b.单击材质编辑器窗口中工具行上的 GetMaterial（获取材质）按钮，在弹出的Material/Map Browser（材质/贴图浏览器）对话框中，单击左上角的 按钮。在Open Material Library（打开材质库）对话框中，打开随书光盘中的"源文件素材/室内常用材质库"路径，单击 打开(O) 按钮，如图5-35所示。

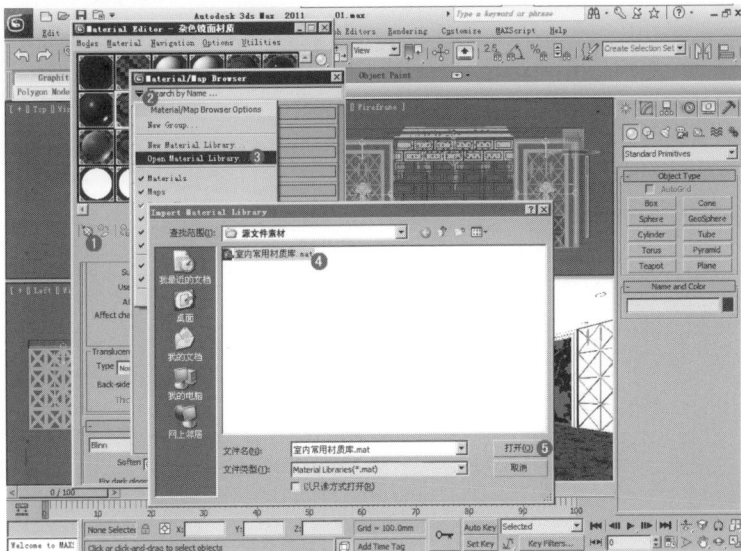

图5-35

c. 单击材质编辑器窗口中工具行上的 GetMaterial（获取材质）按钮，在窗口中选择"乳胶漆材质"并双击，或按住所需要的材质拖到材质球中，如图5-36所示。

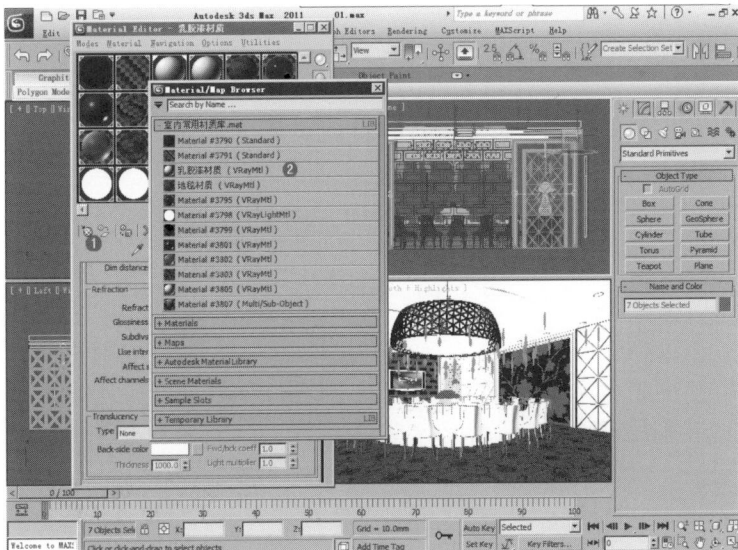

图5-36

d.用同样的方法编辑地毯材质，选中"室内常用材质库"中的"硬包皮材质"，只需在Bump（凹凸）通道中加入"皮材质.jpg"贴图，而Diffuse（漫反射）的颜色和Reflect（反射）的

相关参数、反射通道里添加Falloff（衰减）贴图参数等无需再调节，如图5-37所示。

e.其他材质编辑方法和上一步类似，将编辑好的材质赋予空间模型，最后效果如图5-38所示。

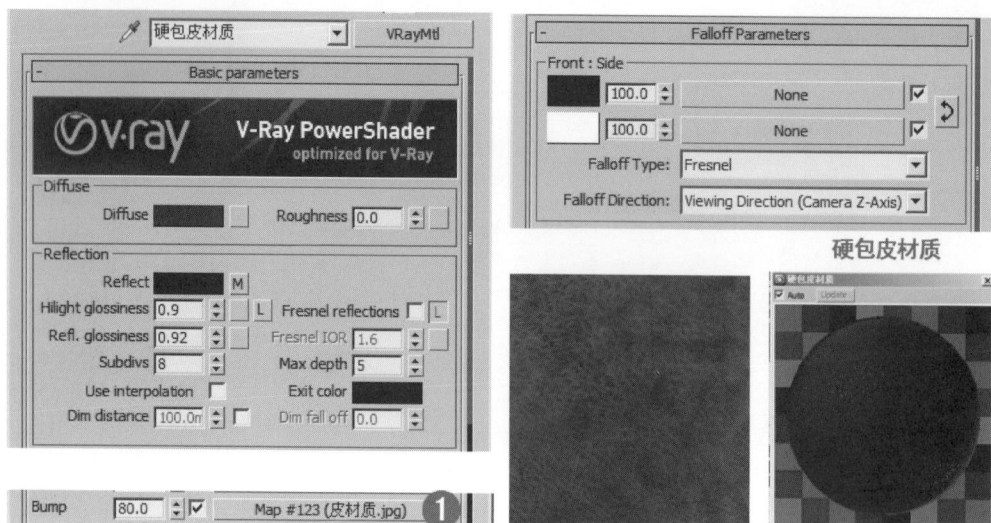

图5-37

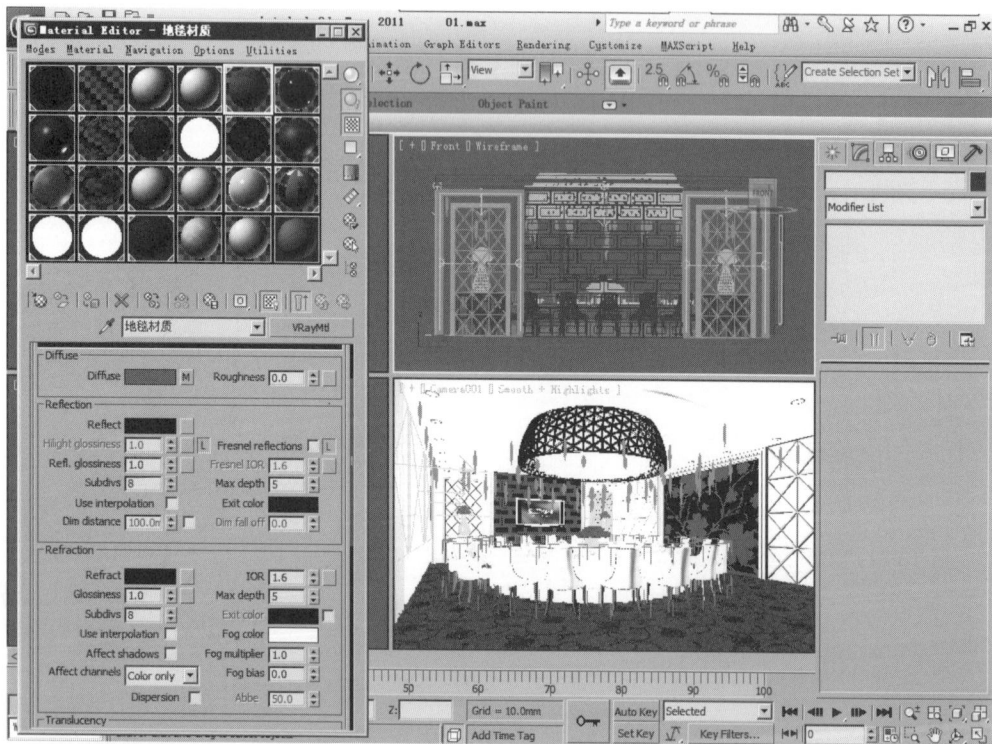

图5-38

（3）餐厅包厢灯光设置与渲染

①餐厅包厢光环境说明

本场景模拟的是白天加室内光照效果，餐厅包厢是餐饮环境，需要营造出豪华典雅、增加食欲的气氛。主光源使用的是VRayLight（VRay光源）模拟窗户天光，并采用光域网辅助和暗藏灯带来营造气氛。

②进行渲染测试参数设置

关于渲染测试参数设置，参照"4.1.2 VRay 渲染测试参数设置"。

③ 设置窗户光源

选择 VRayLight （VR光源）创建天光和立面墙暗藏灯，调整灯光的位置和光照方向，如图5-39所示。

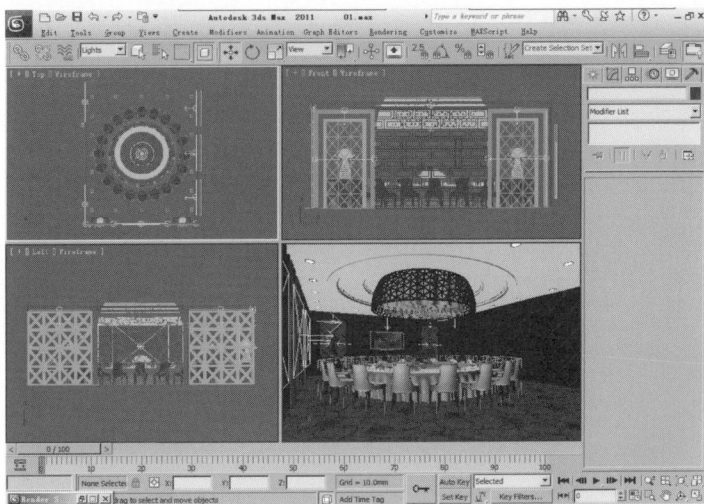

图5-39

④设置吊顶灯

这里我们可以结合VRay灯光材质制作灯光。首先制作作为发光体的模型，并将模型放在吊顶的上面，如图5-40所示。然后赋予二级顶模型VRay灯光材质，并将材质Color（颜色）设置为H:25、S：150、V:255，亮度设置为5，大吊灯上的发光体为白色，如图5-40所示。

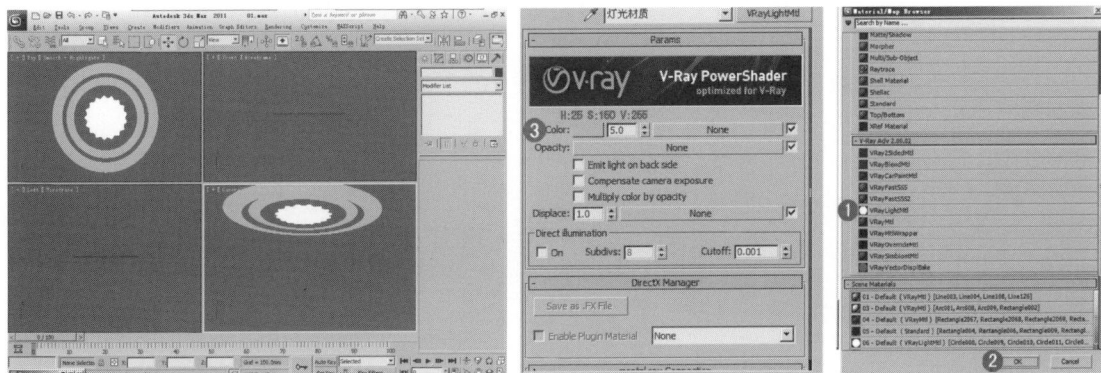

图5-40

⑤**设置补光**

加入辅助光源。本场景的辅助光源使用的是射灯，切换到顶视图，在灯光创建面板中选择Free Point（自由点光源）创建灯光，分别设置Free Point（自由点光源）、VRayShadows（VRay阴影）、灯光颜色，并选择光域网设置参数等，如图5-41所示。

⑥**调整材质和模型**

调整好灯光以后，须对场景的材质及模型作最后调整。观查草图，调整材质参数和模型的位置，调整后的效果基本可以正式出图，如图5-42所示。

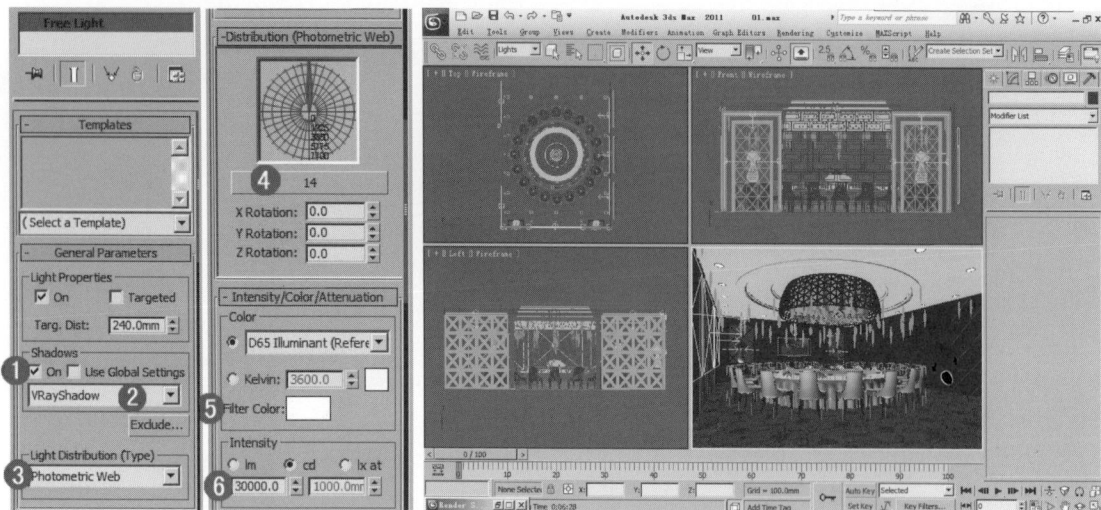

图5-41

图5-42

⑦渲染出图

　　按照前面章节中的方法，先渲染640×480小尺寸的 Irradiance map（发光贴图）及 Light cache （灯光缓存），保存后准备调用。设置完毕后，单击 📷（渲染）图标对场景进行渲染，最终效果如图5-43、5-44所示。

图5-43

图5-44

5.2.3　餐厅包厢效果图后期处理

（1）图层与调节画面对比度

①打开渲染出来的图像，复制图像并命名为"调节层"。针对我们的分析，我们需要对图像整体进行一次亮度和对比度的调节，使用键盘上的Alt+I+A+C组合键，在弹出的窗口中设置参数。通过调节亮度/对比度可以使画面更加清晰，色彩更加饱和，如图5-45所示。

图5-45

（2）图层和调节色彩/亮度

①制作图层：打开"单色图"，然后使用工具栏的移动工具，选中单色效果图并按住鼠标左键拖入会议室，调整图层使两张图完全重合，将图层命名为"单色图层"。按快捷键W选择魔棒工具，点击单色效果图的黑色木头，选择其中一部分，然后点击主菜单栏"选择"列表中的"选取相似"加选全部的黑色木头，在"调节图层"基础上使用快捷键Ctrl+J，复制图层，命名为"黑色木头层"。利用相同方法对地毯、玻璃、吊顶、红色皮等进行图层复制并命名，如图5-46所示。

图5-46

②调节色阶：在图层列表中将单色图层隐藏，然后点击吊顶图层，使用快捷键Ctrl+L单独调整吊顶图层的色阶。其他图层也可以参照这种方法，如图5-47所示。

图5-47

③调节色彩饱和度/曲线：在图层列表中点击地毯图层，使用快捷键Ctrl+L单独调整吊顶图层的色阶，然后使用快捷键Ctrl+U调整色彩饱和度。其他图层也可以参照这种方法，如图5-48所示。最后使用快捷键Ctrl+M调取曲线窗口调节整体亮度，如图5-49所示。

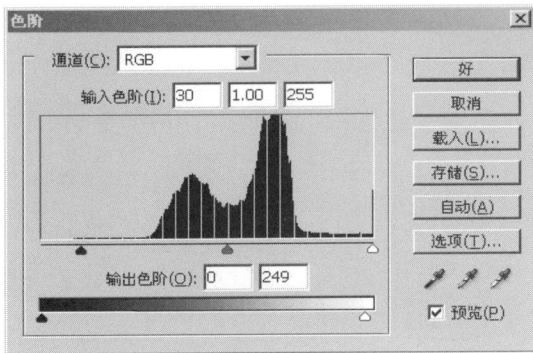

图5-48

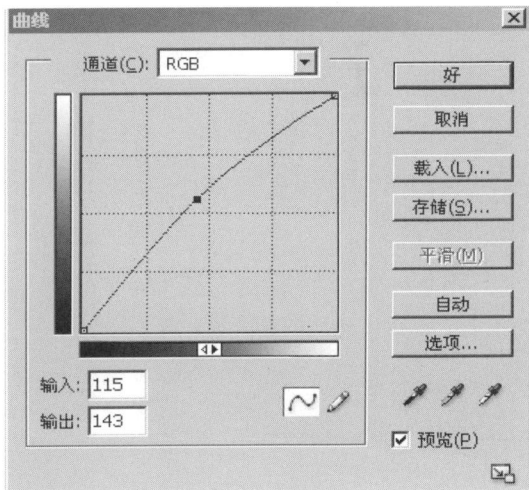

图5-49

提示： 通过以上介绍，使用相同方法对其他图层，根据设计需要调整相关参数。

④合并图层和调整照片滤镜：使用快捷键Ctrl+Alt+Shif+E将调整好的所有图层合并，命名为"合并层1"。点击图层菜单下的"照片滤镜"，在窗口中设置参数。这里加的照片滤镜可使画面更白，也可增加冷色效果，如图5-50

所示。

⑤锐化：使用快捷键Ctrl+Alt+Shif+E将调整好的所有图层合并，命名为"锐化图层"。在主菜单中选择"滤镜"，在下拉菜单中点击"锐化"下的"进一步锐化"命令，可根据设计需要调整图层列表不透明的相关参数，如图5-51所示。

图5-50

图5-51

（3）剪切图像

完成最终的图像，在主工具栏中用⊕裁切工具把图下方黑色部分裁切掉，最终效果如图5-52所示。

（4）保存文件

在"文件"下拉菜单中选择"存储为"，在弹出的窗口中输入文件名"5.2 餐厅包厢效果图"，将文件格式改为JPEG格式，再在弹出窗口中将画面品质改为10以上并保存。

图5-52

5.3

酒店大堂效果图表现与实训

课时安排	15课时
实训目标	本案例讲解的是一个酒店大堂空间的表现方法，重点须掌握Poly建模工具的应用，掌握线光源的制作方法，掌握大理石、木纹、玻璃等材质的表现。

5.3.1 实训任务要求

根据客厅平面图和效果图，进行客厅空间模型的创建，如图5-53、图5-54所示。

图5-53

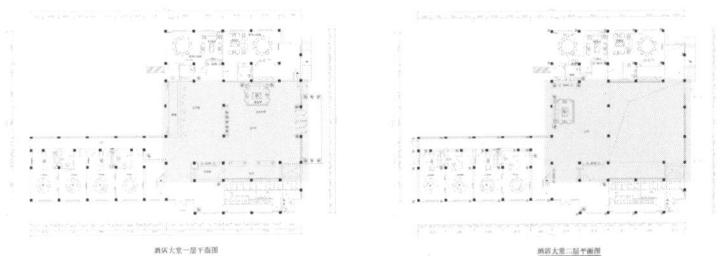

图5-54 一、二层平面布置图

5.3.2　酒店大堂效果图实训操作步骤

（1）酒店大堂空间模型的创建

①酒店大堂墙体模型的创建

a. 创建墙面，按快捷键Alt+W将视图最大化到顶视图中，在 ⊡ 面板下单击 Line 按钮，捕捉平面图的顶点与端点，依照墙体轮廓线描出墙体轮廓，闭合样条线时在弹出"Close Spline"（是否闭合样条线）对话框中，单击"是"按钮，封闭样条线。

b.选择所有墙体，点击 ◢ （修改）菜单中的 ♀ Extrude （挤出）命令，挤出7500mm的空间高度。

技巧：如果在画线的时候不小心断开，可以先把剩下没有勾的轮廓勾完。勾完以后，选择样条线并把所有断开的线段用Attach（附加）命令附加在一起。选中断开的两个点，使之重合，点击Line（线）\Vertex（顶点）命令然后选中两个重合的顶点。打开Geometry（几何体）卷展栏，点击Insert（插入），再点击Weld（焊接）命令，这样两条分开的线段就围合成一条完整的线。墙体建模最后效果如图5-55所示。

图5-55

②大堂吊顶制作

a.在 ⊡ 面板下单击 Line 按钮，在顶视图中依照墙体轮廓线描出大堂吊顶的轮廓线，再用线勾勒出需要做造型的部分，选择 Attach Mult. （附加命令）把所有勾好的线附加在一起。然后选择所有墙体，点击 ◢ （修改）菜单中的 ♀ Extrude （挤出）命令，挤出755mm的空间高度，最后效果如图5-56所示。

b.在 ⊡ 面板下单击 Rectangle （矩形）按钮，捕捉大堂吊顶的空白部分，绘制一个矩形，对其使用右键转换成Editable Poly（可编辑多边形），点击 ▣ （多边形），再点击Bevel（倒角），选择By Polygon（根据多边形）模式，设置Hight（高）为500mm，Outline（轮廓）为500mm，点击"√"确定，如图5-57所示。

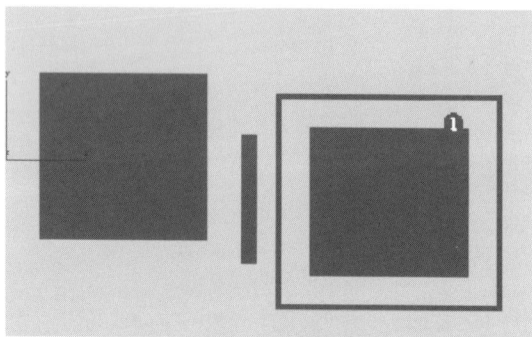

图5-56

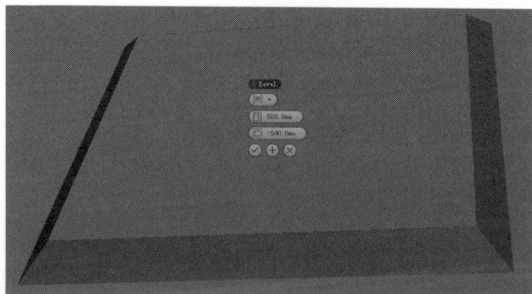

图5-57

c.点击 ⬚（边），单独选择两条边线，再点击Connect（连接），将Segment（分段）参数设置为40，如图5-58所示，点击"√"确定，效果如图5-59所示。

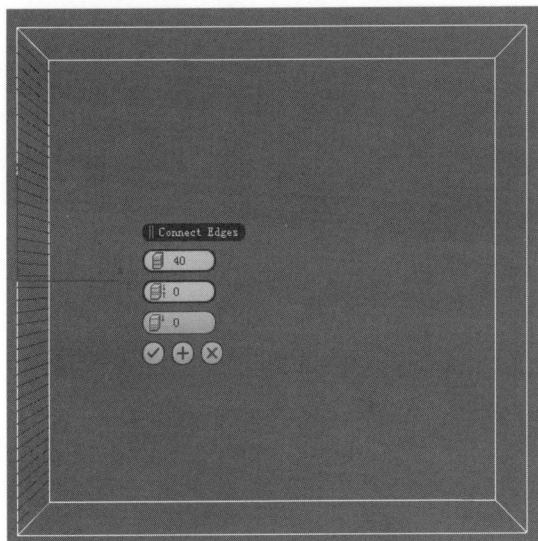

图5-58

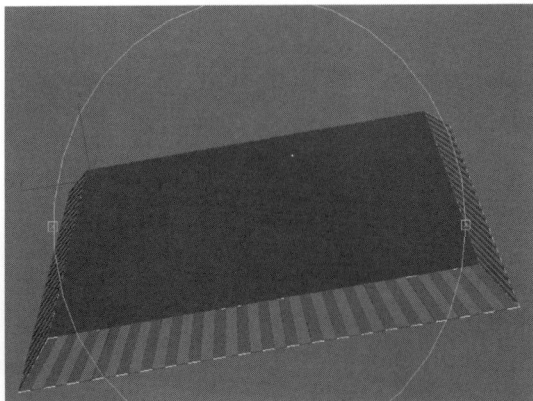

图5-59

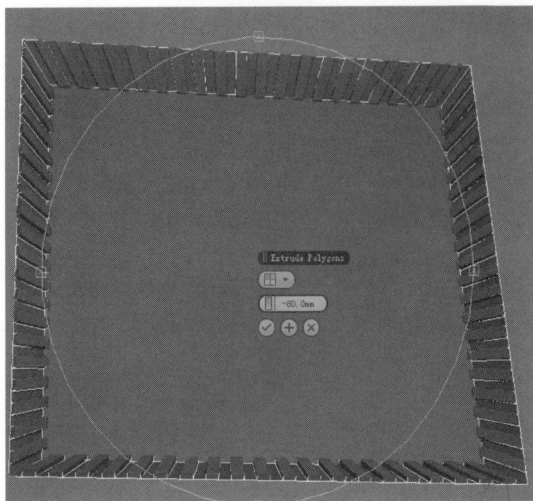

图5-60

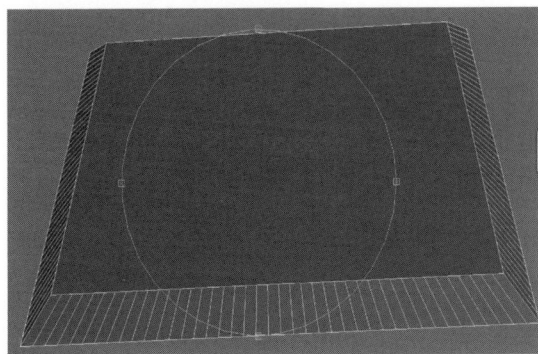

图5-61

d.点击 ⬛（多边形），按图5-60所示进行选择，对选择的面使用Extrude（挤出）命令，效果如图5-61所示。

e.点击 ⬛（多边形）并选择中间的多边形，点击Inset（轮廓），将其参数设置为120mm。连续选择Inset（轮廓），最后效果如图5-62所示。

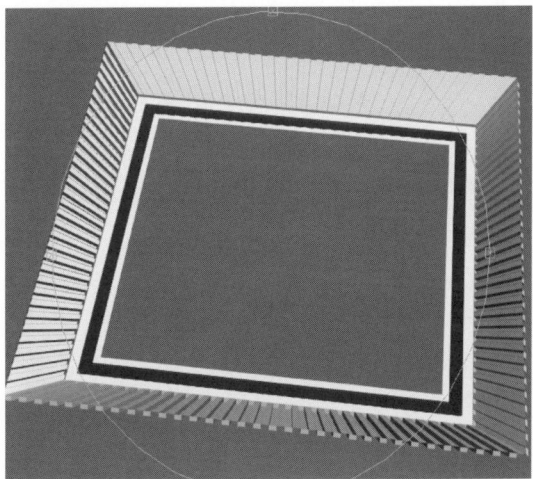

图5-62

f.在 ⌂ 面板下单击 [Rectangle]（矩形）按钮，捕捉大堂吊顶的空白部分，绘制一个矩形，点击右键将其转换成Editable Spline（可编辑样条线），修改成如图5-63所示的吊顶形状。

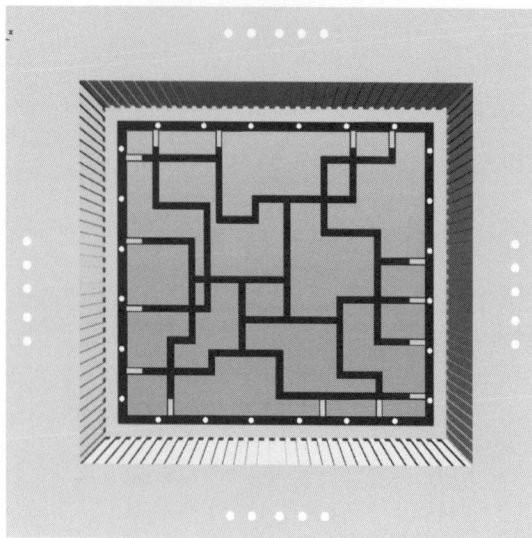

图5-63

g.大堂吊顶最终效果如图5-64所示。

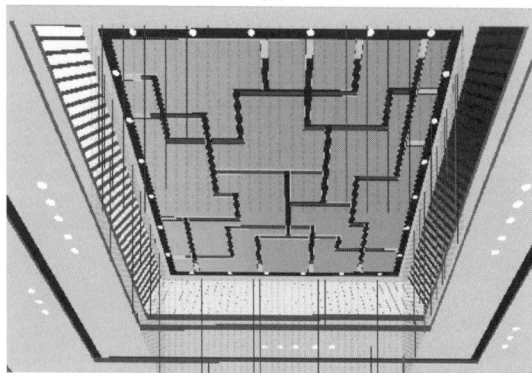

图5-64

③ 前台接待主题墙

a.在顶视图中用Box（立方体）命令创建一个Length（长度）3500mm、Width（宽度）40mm、Height（高度）150mm的立方体，然后将Length Segs（长度分段）设置为100，如

图5-65所示。这样设置主要是为了使最后效果更加圆滑。但数值增加，面的数量也会相应增加。对立方体进行复制，间隔40mm，长度为7500mm，参数设置如图5-65所示。

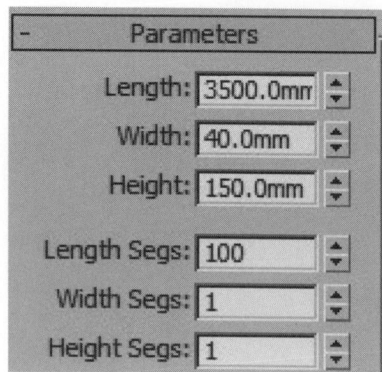

图5-65

b.选中已经复制的全部立方体，选择 ▨ Modifier（修改命令面板）菜单中的Displace（置换）命令，设置Strength（强度）为100，Decay（衰退）为1.0，在Image（图像）\Bitmap（位图）中添加一张黑白纹理贴图。

c.曲线墙面造型最后完成如图5-66所示。

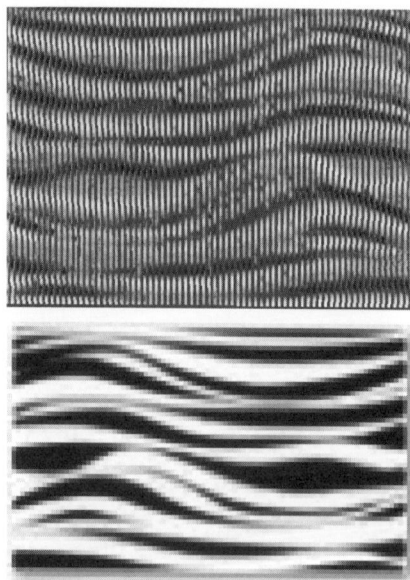

图5-66

④金属装饰物模型制作

a. 在左视图中用Line（线）创建一条曲线，选择节点并点击鼠标右键，选择Smooth（平滑）命令调整节点使之平滑，如图5-67所示。

图5-67

b.选择Spline（样条线），点击Modifier（修改）菜单下的Lathe（车削）命令，修改为如图5-68所示。

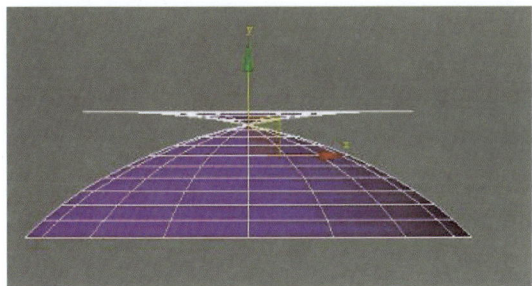

图5-68

c.调整图形，点击Lathe（车削）命令面板下的Align（对齐）/Min（最小），得到的形状如图5-69所示。

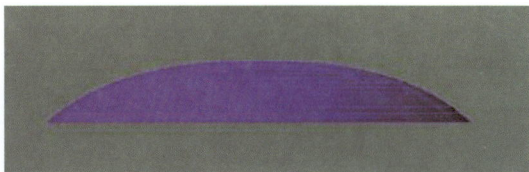

图5-69

d.右键点击Convert to Editable Poly（转换为可编辑多边形），选择点并调整点的位置，完成图形如图5-70所示。

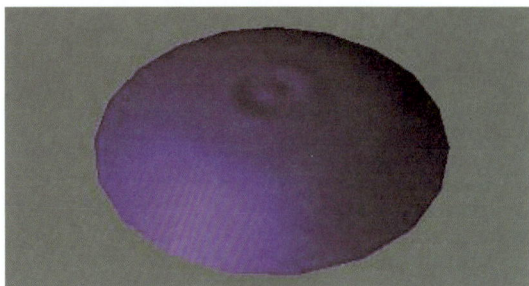

图5-70

e.点击Editable Poly（可编辑多边形）中的Edge（边）命令，选中装饰物的纵向线段，点击Loop（循环）命令，选中整条线，再点击Ring（环形）使纵向的线全部选中。选中后的效果如图5-71所示。

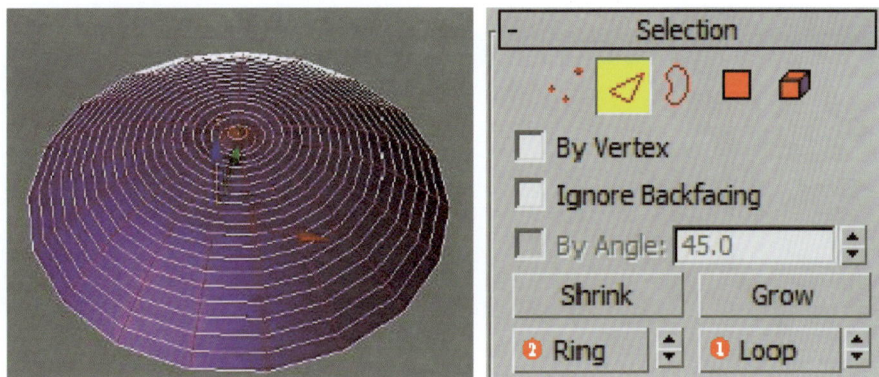

图5-71

f.选择Edit Edges（编辑边）卷展栏下的Extrude（挤出）命令后的设置按钮，修改Hight（高度）为-1.5mm，Width（宽度）为2.5mm，点击"√"确定。具体参数设置如图5-72所示。

图5-72

g.点击Editable Poly（可编辑多边形）中的 Edge（边）命令，选中装饰物横向的线段，点击Loop（循环）命令，选中整条线，再点击Ring（环形）使横向的线全部选中。选中后的效果如图5-73所示。

图5-73

h.用同样的方法再把所有纵向线选中，选择Edit Edges（编辑边）卷展栏下的Chamfer（切角）后的设置按钮，修改Edge Chamfer Amount（边切角量）为0.5mm，Connect Edge Segments（连接边分段）为5。具体参数设置如图5-74所示。

图5-74

i.选择Edit Edges（编辑边）卷展栏下的Extrude（挤出）命令后的设置按钮，修改Hight（高度）为-0.3mm，Width（宽度）为1mm，点击"√"确定。具体参数设置如图5-75所示。

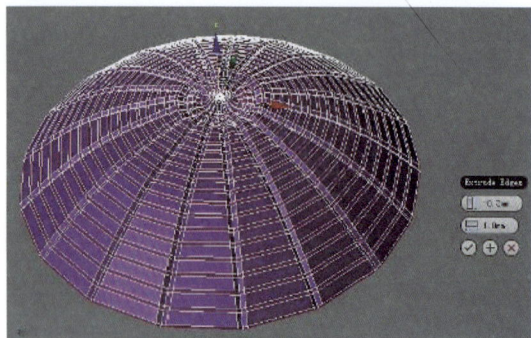

图5-75

j.金属装饰物最后效果如图5-76所示。可点击主工具栏的 按钮进行等比例缩放。

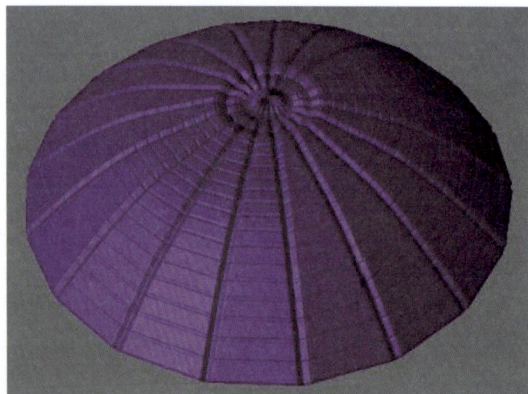

图5-76

⑤前台接待台

a.选择Standard Primitves（标准基本体）命令中 菜单下的Plane（平面）命令，在左视图中创建一个Length（长度）为800mm，Width（宽度）为2000mm，Length Sags（长度分段）为2，Width Segs（宽度分段）为3的面，参数设置如图5-77所示。

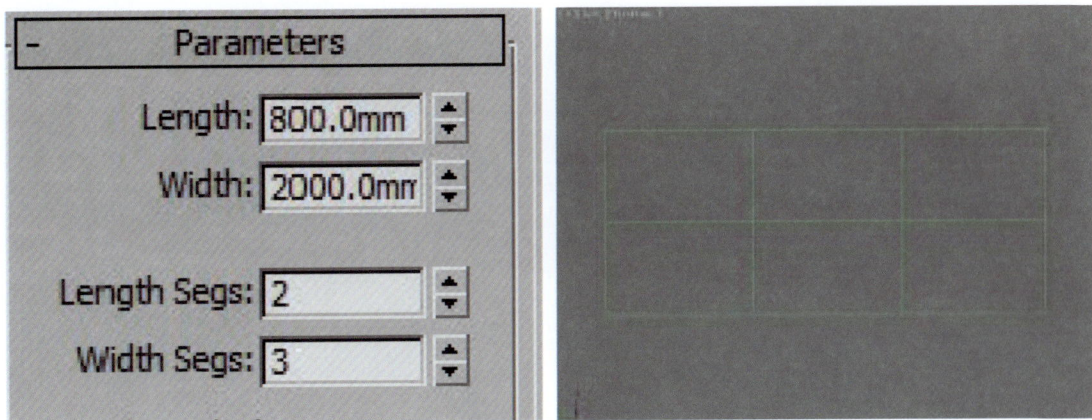

图5-77

b.右键点击Convert to Editable Poly（转换为可编辑多边形），点击Edge（边）命令，修改边的形状，点击Polygon（编辑多边形）命令，选择全部面，效果如图5-78所示。

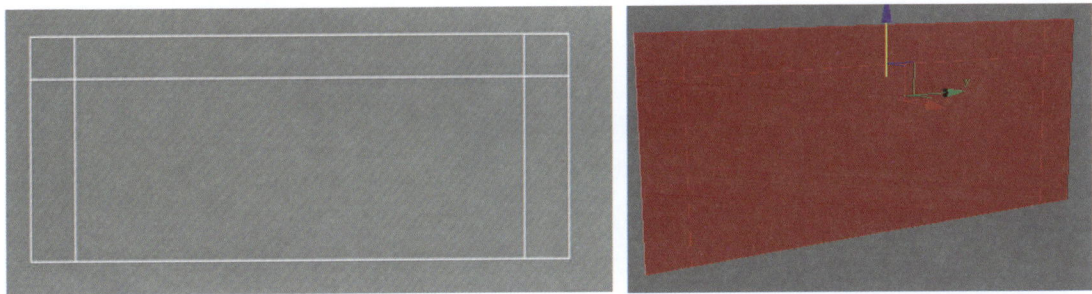

图5-78

c.选择卷展栏中Extrude（挤出）命令后的设置按钮，选择 Local Normal（局部法线）模式，参数设置为-450mm，点击"√"确定，具体参数设置如图5-79所示。

d.点击Polygon（面）命令，选择物体最大面。点击Polygon（编辑多边形）卷展栏中Extrude（挤出）命令后的设置按钮，选择 Local Normal（局部法线）模式。参数设置为

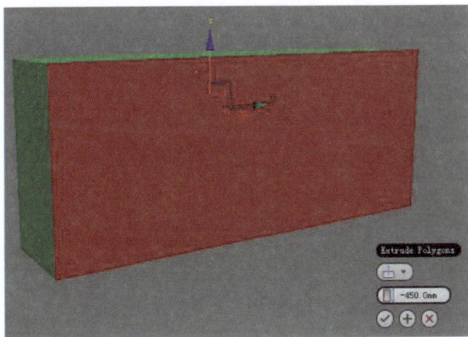

图5-79

150mm，点击"√"确定，具体参数设置如图5-80所示。

e.点击Polygon（面）命令，删除所选择的面，效果如图5-81所示。

f.点击Edge（边）命令并选中边，效果如图5-82所示。

g.点击Connect（连接）命令，设置Segments（分段）参数为10，点击"√"确定，效果如图5-83所示。

h.点击Connect（连接）命令，设置Segments（分段）参数为4，点击"√"确定，效果如图5-84所示。

i.点击Polygon（面）\Bevel（倒角）命令，设置Height（高度）为10mm，Bevel（倒角）为−10mm，点击"√"确定。点击Extrude（挤出）命令后的设置按钮，设置参数Height（高度）为10.0mm，重复之前的倒角命令，前台效果最终如图5-85所示。

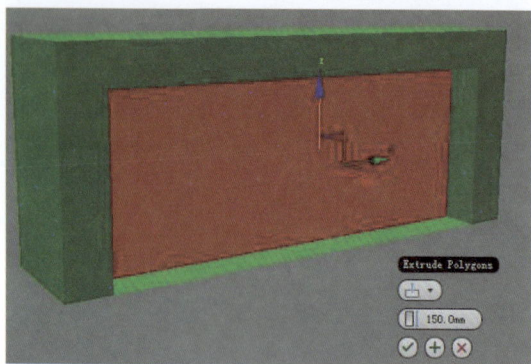

图5-80

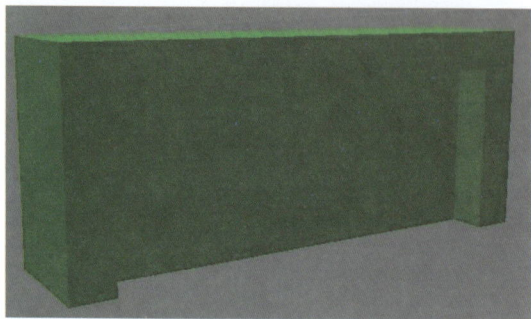

图5-83

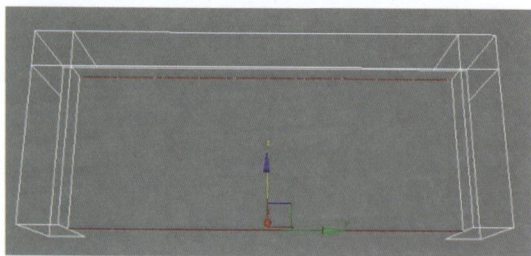

图5-81

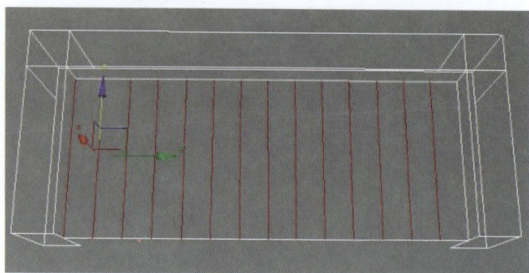

图5-84

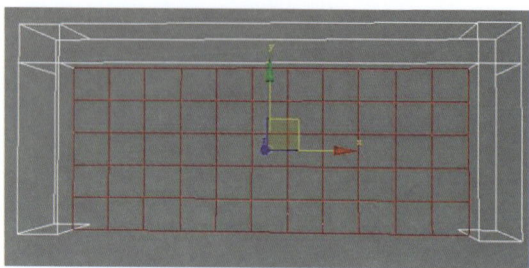

图5-82

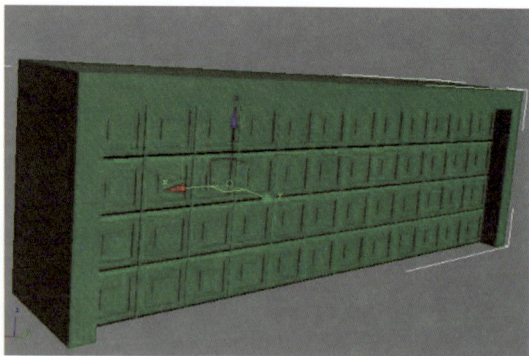

图5-85

⑥ 沙发背景墙模型制作

a.选择Standard Primitves（标准基本体）菜单下的Plane（平面）命令，在左视图中创建一个Length（长度）6200mm、Width（宽度）2300mm的平面，右键点击Convert to Editable Poly（转换为可编辑多边形），选择Edge（边），点击Edit Edge（编辑边）下的Connect（连接）命令，选

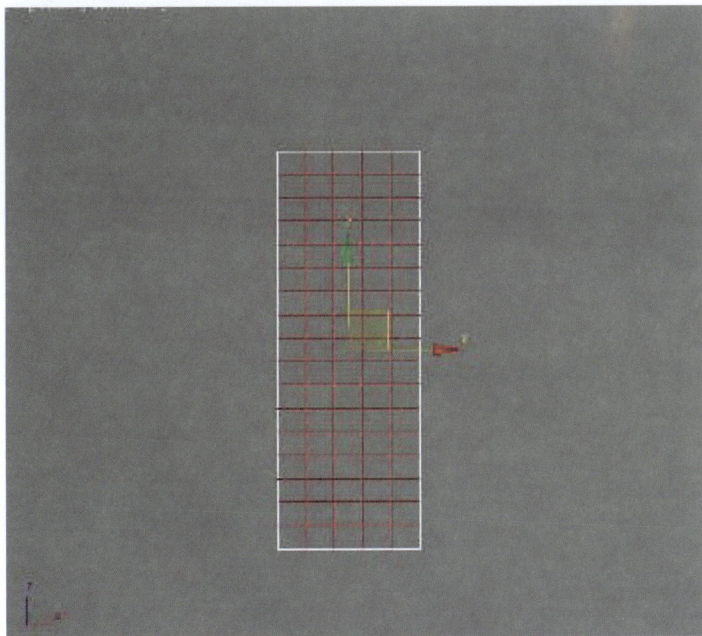

图5-86

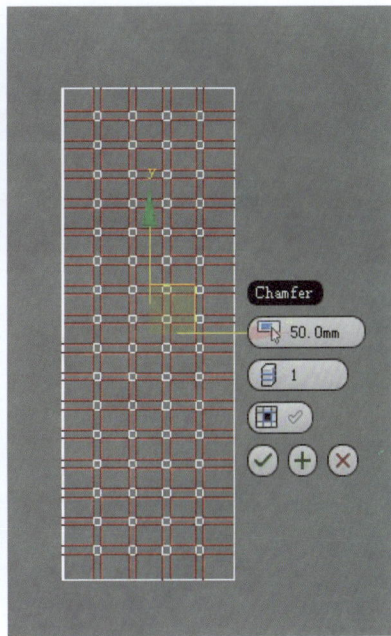

图5-87

择上下两条横线，设置Segments（分段）为4，再选择全部竖线，设置Segments（分段）为16，效果如图5-86所示。

b.点击Edge（边），选择中间的线段，使用Chamfer（切角）命令，设置Edge Chamfer Amount（边切角量）参数为50mm，具体参数设置如图5-87所示。

c.点击Ploygon（面），删除选择的面，使用Extrude（挤出），效果如图5-88和图5-89所示。

图5-88

图5-89

d.选择物体，点击Modifier（修改命令），使用Noise（噪波）命令，参数设置及最终效果如图5-90所示。

e.酒店大堂空间模型最终效果如图5-91所示。

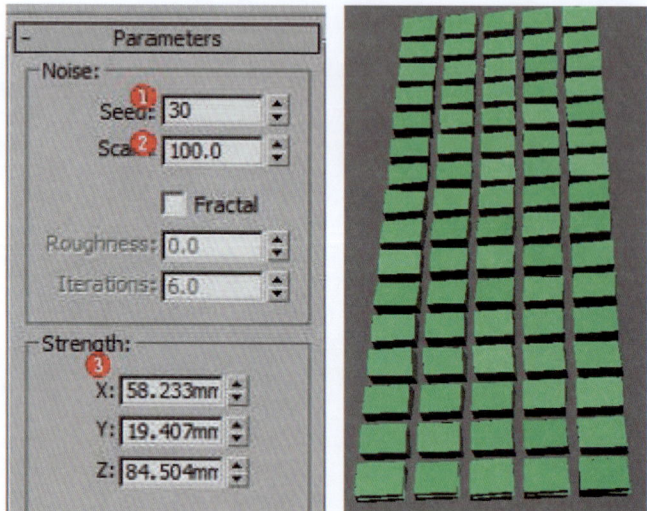

图5-90

图5-91

（2）编辑酒店大堂材质

①酒店大堂材料说明

材质表现是整个空间真实感的关键，它将直接影响到整个空间物理属性的表达。准确的参数设置，会使做出的效果图更加逼真。本案例将用到如图5-92所示的材质。

| 雅士白大理石 | 加州金麻火烧面 | 木纹石 | 浅啡网大理石 |

| 复合木地板 | 枫木 | 艺术地毯 | 艺术玻璃 |

图5-92

②调用材质库

a.按M键，快速打开Material Editor（材质编辑器）。

b.单击材质编辑器窗口中工具行上的 Get Material（获取材质）按钮，在弹出的Material/Map Browser（材质/贴图浏览器）对话框中，单击左上角的 按钮，在Open Material Library（打开材质库）对话框中，打开随书光盘中的"源文件素材/室内常用材质库"文件。

c.在窗口中选择所需的材质并双击，或者按住所需的材质拖到材质球中。调入材质贴图并赋予材质，如图5-93所示：

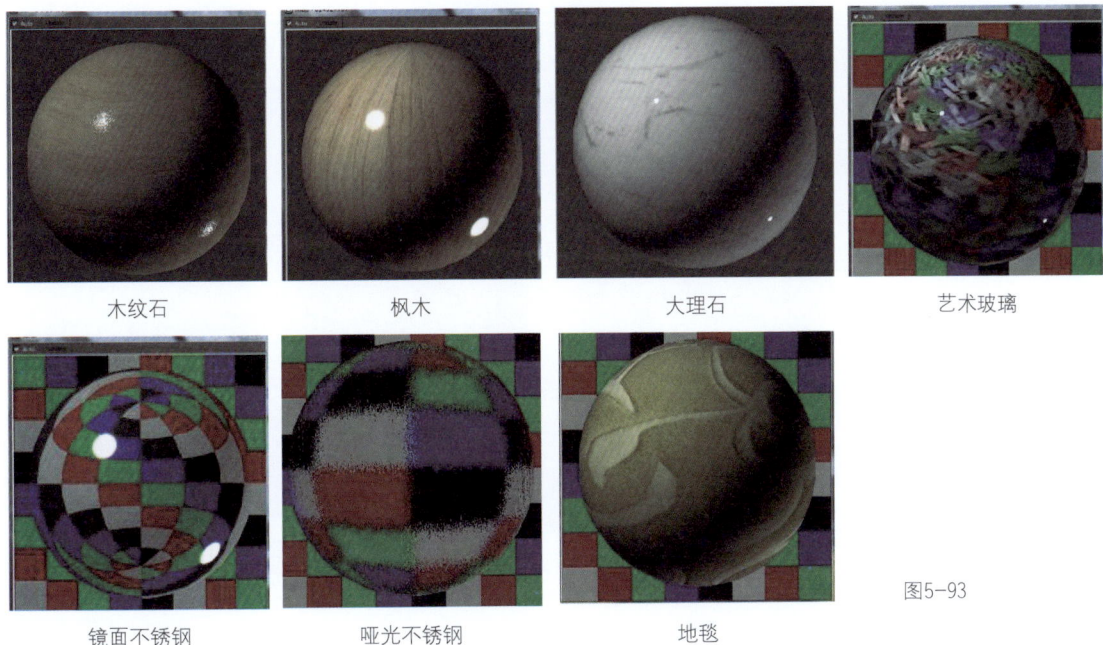

| 木纹石 | 枫木 | 大理石 | 艺术玻璃 |

| 镜面不锈钢 | 哑光不锈钢 | 地毯 |

图5-93

d.酒店大堂空间模型附完材质的最后效果如图5-94所示。

图5-94

（3）酒店大堂灯光设置与渲染

① 分析场景的布光方式

本场景是一个酒店大堂空间。酒店大堂大多以晚上的效果呈现，这样可以使大堂富丽堂皇的氛围更好地体现出来。主要光照由人造光来完成，而人造光主要使用VRay Light（VRay光源）来实现。

a.设计整体色温为3000K，平均照度350lux，照度比1:3，服务总台登记区局部照度500lux，休闲区局部照度150Lux，光源选择高显色性白炽类为主。

b.在实际应用中，酒店大堂照明设计的要求会随着酒店本身装饰风格的不同而改变。例如，

商务型酒店其整体色温及照度都会稍偏高；旅游度假型酒店整体色温及照度要求则偏低；而特色主题酒店则是不规则的，要视专属特色主题而定。

② 设置主要主光源的测试渲染参数

关于渲染测试参数的设置，在之前章节中已经详细地讲解，这里不再赘述。

③加入室内主光源

本场景主要光源使用的是VRay Light（VRay光源）中的Plane（平面）光源，由于篇幅有限，不能一一说明灯具的排布方式和参数，大家可参考模型里面灯具的布置方式，位置如图5-95和图5-96所示。

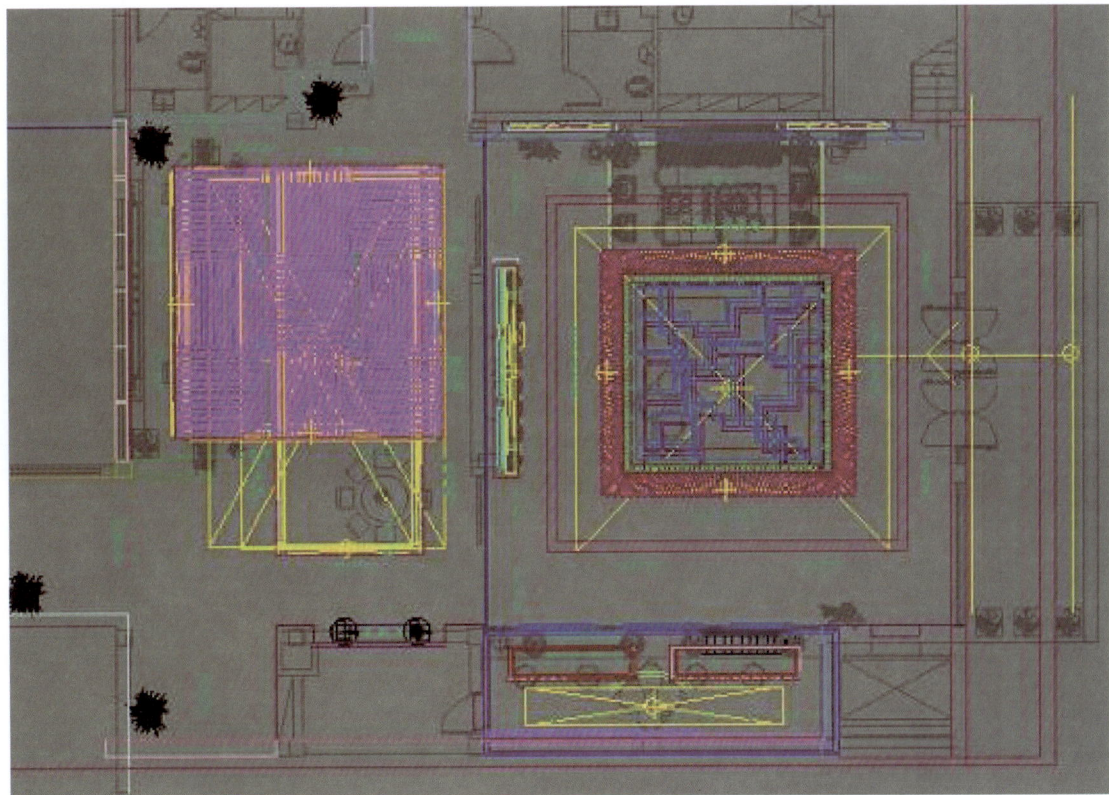

图5-95

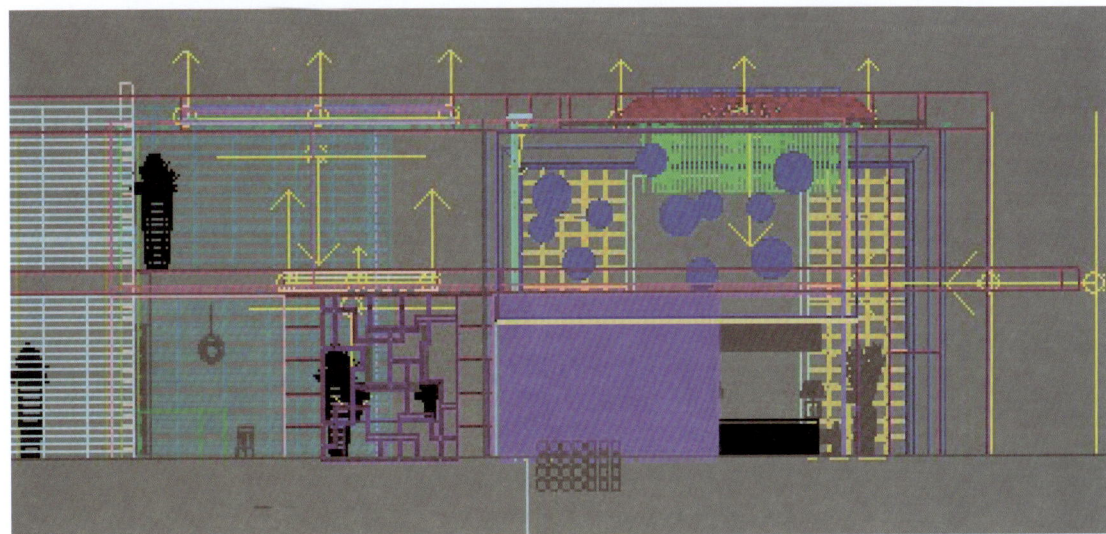

图5-96

a.设置Plane（平面）灯的参数，参数设置如图5-97所示。

b.按F9键测试渲染下的当前场景，效果如图5-98所示。

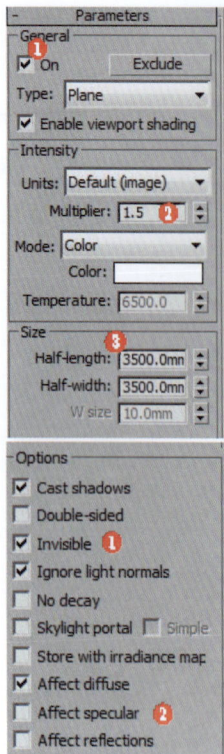

图5-97

图5-98

④加入次光源

a.本场景的次光源使用的是平面灯和射灯，其位置如图5-99和5-100所示。

b.设置Shadows（阴影）为VRayShadow（VRay阴影），Distribution（光的分布方式）为Web（光域网），Filter Color（过滤颜色）为（R:255，G:224，B:171），Web File（光域网文件）为"经典筒灯"，Intensity（强度）

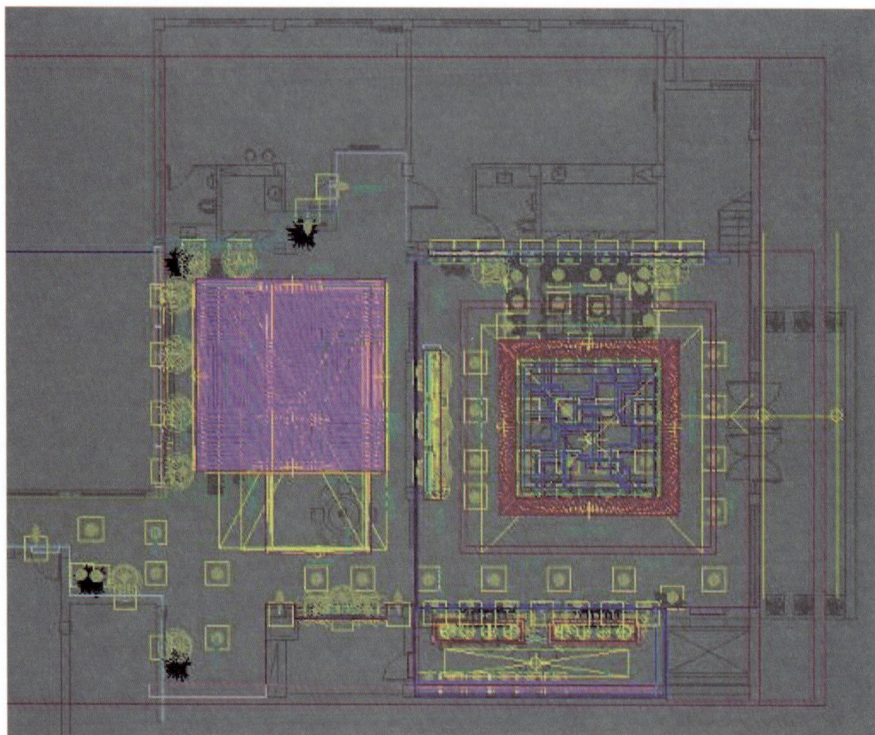

图5-99

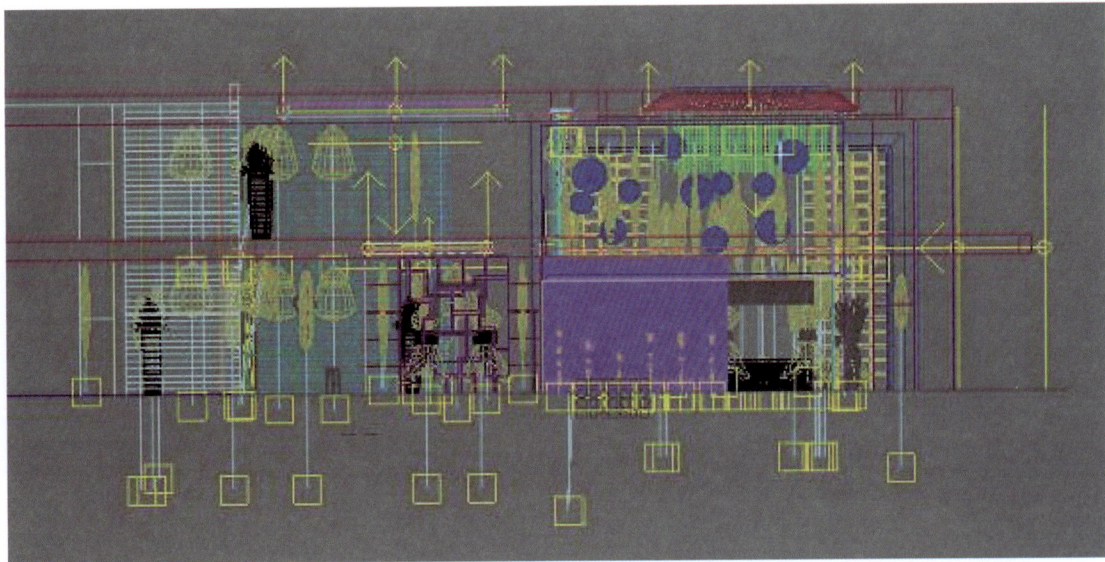

图5-100

参数为2500，具体参数设
置如图5-101所示。

　　c.设置Web File（光
域网文件）为"台灯"，
作为场景里"台灯""落
地灯""装饰灯"的灯
光。设置Filter Color（过
滤颜色）为（R:255，
G:224，B:171），
Intensity（强度）参数为
1200，具体参数设置如图
5-102所示。

　　d.设置墙面灯光射
灯Web File（光域网
文件）为"中间亮"，
Filter Color（过滤颜
色）为（R:255，G:224，
B:171），Intensity（强
度）参数为5000，具体参
数设置如图5-103所示。

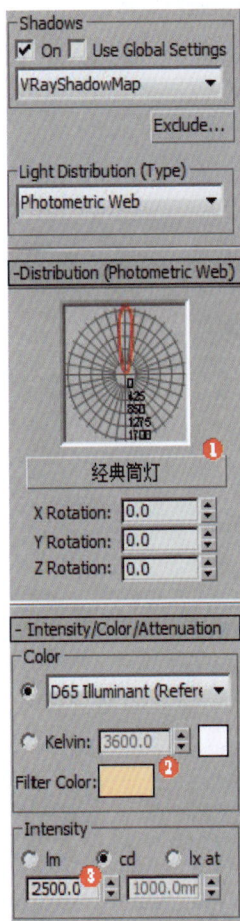
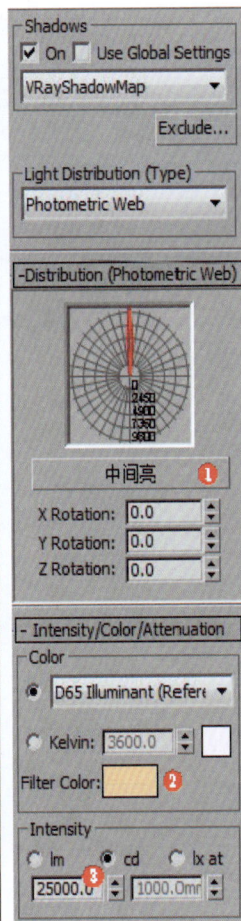
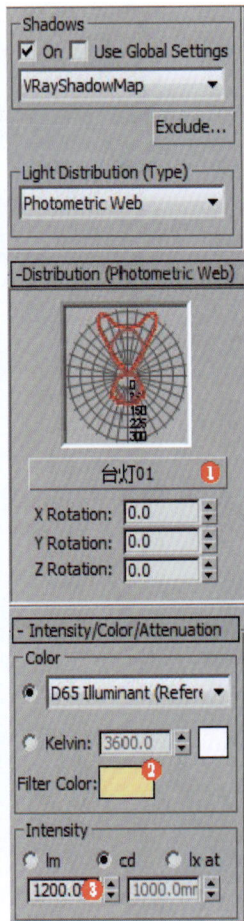

图5-101　　　　　　图5-102　　　　　　图5-103

技巧：在设置灯光亮度时，尽量不要曝光，如果光源的强度不够，可在后期处理中加强主光效果。

⑤**设置最终渲染参数**

由于篇幅有限，最终渲染参数在这就不加赘述，可参考之前章节。

a.按F9键渲染当前场景，最终渲染效果如图5-104所示，通道图如图5-105所示。

技巧：通道图的颜色是指在3ds Max附加材质的时候，单独一个色块对应一种材质。作用主要是在后期进行处理时，可以方便地选取材质进行局部的调整，提高制作效率。

图5-104

图5-105

5.3.3　酒店大堂效果图后期处理

（1）打开文件

首先打开Photoshop，调入渲染后的酒店大堂最终图像和通道图的图片，如图5-106。

（2）调整图层

使用工具栏中的移动工具，选中大堂效果图将其拖入通道图中，调整图层关系，使两张图完全重合起来。可以选择大堂效果，通过改变图片透明度的方式来判断，如图5-107所示。

图5-106

图5-107

（3）调整亮度

单击图层面板下面的 ◯ 按钮，在弹出的下拉菜单里选择"曲线"调整曲线参数，提高画面的整体亮度，如图5-108所示。

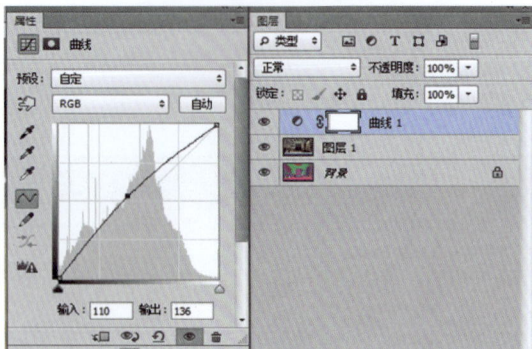

图5-108

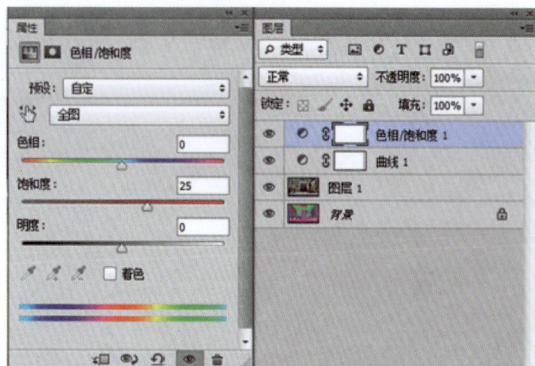

图5-109

（4）调整色相和饱和度

按以上操作步骤，再增加一个"色相/饱和度"的调节图层，调整全图饱和度，使整个空间的饱和度提高，如图5-109所示。

（5）调整亮度对比度

按以上操作步骤，再增加一个"亮度/对比度"的调节图层，调整亮度对比度参数，如图5-110所示。

图5-110

（6）调整色彩平衡

利用色彩通道调整局部的明暗关系。单击色彩通道，按快捷键W选择 ◯ 魔棒工具。勾选"连续"选项，选择通道图中玻璃材质的色块，按快捷键Ctrl+B（色彩平衡）调出面板，调整玻璃颜色，完成后点击Ctrl+D取消选择，如图5-111所示。

图5-111

（7）调整色彩通道

利用色彩通道调整局部的明暗关系。单击色彩通道，按快捷键W选择 魔棒工具，把容差值设置为10，取消连续选项，选择通道图的屏风色块后，再选中大堂效果图图层，按快捷键Ctrl+M（曲线）调出面板，调整屏风亮度。完成后点击Ctrl+D取消选择，如图5-112所示。

（8）裁切图像

选择工具栏中的 裁切工具，把多余的画面裁切掉。最后在主菜单中选择滤镜命令，在下拉菜单中点击锐化\USM锐化命令，设置锐化参数为55，调整画面的清晰度，酒店大堂最后完成效果如图5-113所示。

（9）保存文件

在"文件"下拉菜单中选择"存储为"，在弹出窗口中重新命名文件为"5.3酒店大堂效果图"，并将文件格式改为JPEG格式，在弹出窗口中将画面品质改为10以上并保存。

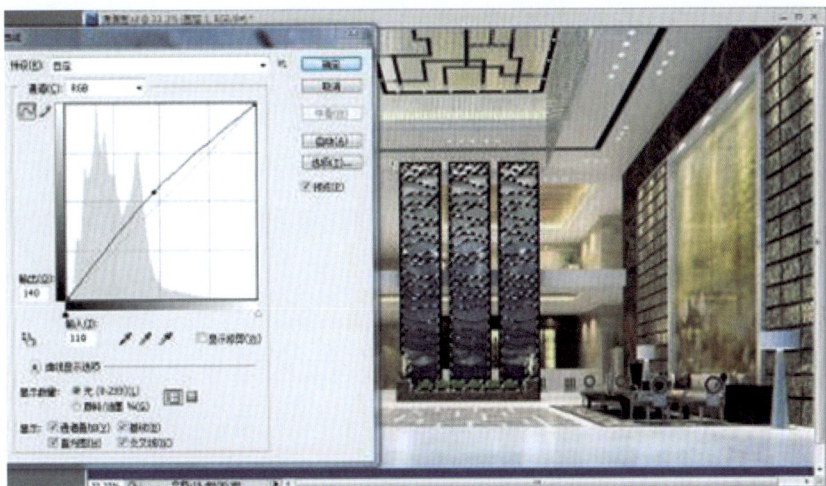

图5-112

图5-113

后 记

　　室内设计电脑效果图是设计师制作室内设计方案和表达构思的重要工具，是设计师向委托方、施工人员说明创作意图最生动、直观的表达方式。

　　很多初学者在学习的过程中，往往重视软件工具的命令操作，而忽略了设计知识在技术表现中的重要作用。本书在每个案例的编写过程中，都尝试在软件制作之前，简单地介绍室内装饰材料的特点、室内空间光环境要点等设计知识，强调设计艺术在软件中的具体应用，而不是单一地介绍软件技术和操作过程。让教有所长，学有所用变得更加真实有效。

　　本书是各位编者在室内设计一线多年的教学和实践成果的汇编和总结，在此对各位老师表示衷心的感谢！由于软件技术与设计艺术都处于一个动态发展的过程，本教材的内容难免有不足之处，希望教学界同仁和学者予以批评指正。

蔡春艳

2014年2月